理财就是理生活

艾玛·沈 著

電子工業出版社
Publishing House of Electronics Industry
北京·BEIJING

内容简介

本书通过讲述处于不同人生阶段的几个家庭面临的财务问题，介绍了状况剖析、目标设定、消费控制、债务管理、沉睡资产、变现技能、资产购入、风险分散、实体节税和代际传承这十大理财模块，从而帮助读者全面系统地了解理财的方方面面，学习遇到多种财务问题时的应对思路和方法，非常适合对未来的财务生活存在困惑的人士阅读。

本书还介绍了保险、基金、房地产、信托等投资工具和风险控制方法，书中方法简单易行，可操作性强，非常适合投资初学者阅读。

本书语言通俗易懂，文风清丽，人物对话幽默诙谐，是休闲和学习并举的佳作。

图书在版编目（CIP）数据

理财就是理生活 / 艾玛・沈著. —北京：电子工业出版社，2018.8

ISBN 978-7-121-34624-8

Ⅰ. ①理… Ⅱ. ①艾… Ⅲ. ①财务管理－通俗读物 Ⅳ. ①TS976.15-49

中国版本图书馆 CIP 数据核字（2018）第 142631 号

策划编辑：李　冰
责任编辑：李　冰　　　特约编辑：赵树刚 等
印　　刷：三河市鑫金马印装有限公司
装　　订：三河市鑫金马印装有限公司
出版发行：电子工业出版社
　　　　　北京市海淀区万寿路 173 信箱　　　邮编：100036
开　　本：720×1000　1/16　印张：14　字数：313.6 千字
版　　次：2018 年 8 月第 1 版
印　　次：2018 年 12 月第 3 次印刷
定　　价：59.00 元

凡所购买电子工业出版社图书有缺损问题，请向购买书店调换。若书店售缺，请与本社发行部联系，联系及邮购电话：（010）88254888，88258888。

质量投诉请发邮件至 zlts@phei.com.cn，盗版侵权举报请发邮件到 dbqq@phei. com.cn。

本书咨询联系方式：libing@phei.com.cn。

推荐序一
钻研创造价值

艾玛是我的大学同学。入学前两年，她参加话剧团演出、组织学生会活动，在学校里很活跃。大三以后，除了上课，她很少在学校出现。听说，她去打工了。她的家境不错，那时我有些疑惑，她为什么着急去打工。看了这本书才知道，也许就是在那个时候，她知道了“草帽曲线”，让她有了尽快踏入社会的焦虑感。

毕业后，她去香港读研，然后就先后在香港、深圳买了房。我们每隔一两年会见上一次面，每次见面，她都搬了新家。一般人搬家都是越住越大，但她家搬来搬去就那么大，而且即使搬了新家，老房子也不卖，用来出租。当时还预见不到房地产持续十多年的超级大牛市，只觉得艾玛很特别，其他女孩存珠宝，她却在存房子。

艾玛向我解释，自住房是消耗品，不能带来现金流，是不良资产，所以够用就行。出租房，能够持续带来正向现金流，是好资产。理财就是要不断买入好资产，让自己不用工作依然能够收获越来越多的被动收入。

艾玛知行合一，这些年不断买入收租房产，加上内地和香港过去十多年房地产的猛涨，在房产价值翻了几番的同时，租金收入也越涨越高。用她自己的话说，被动收入早已超过了日常开支，实现了财务自由。

艾玛还介绍过其他一些投资理财心得，因我本人从事的就是投资工作，对艾玛介绍的那些投资心得并未深入细致研究。

前阵子艾玛说正在写一本书，我本以为她会写擅长的人文社科类图书，结果居然是一本理财书。我以为她会着重写她投资经验丰富的房地产，没想到却写得如此系统全面，连我这样从事了十多年金融投资工作的所谓业内人士也受益颇多。

说实话，在翻开这本书前，真没仔细想过个人理财这个事儿。书中深入浅出的家庭理财理论让我深受启发。

这些年由于工作的关系，我参加了很多公司投资、并购活动，在投资、并购公司的过程中特别看重现金流的创造能力。是否具有持续、强劲的现金流创造能力是我做出投资决策最为重要的一条标准。艾玛把这个概念运用到家庭理财中，颇有异曲同工之妙。在我们漫长的一生中，通过工作获取主动现金流的时间有限，因此需要尽早培养被动现金流的创造能力，把“草帽曲线”拉伸成“鸭舌帽曲线”，早日实现财务自由，从容地度过漫长的人生岁月。

书中还强调了配置的重要性，严格执行配置的比例，从而能够把风险控制在可承受的范围内，同时实现资产的持续增值。对大多数人来说，不把鸡蛋放在同一个篮子里是一个不错的策略。

如艾玛在后记里所写的：就像搭一栋楼，零零散散的投资如同一层层叠加上去的砖，刚开始时很快就能搭得很高，但越到后来越容易散架。也许是因为一阵风，也许是一次小小的碰触，也许只是自身的重心不稳。要想把这栋楼搭得高、搭得牢固，理财的十个模块都不能轻视。

我的日常投资工作中强调钻研创造价值，作为人文社科专业背景的艾玛能够写出这么一本通俗易懂、人物灵动、对话幽默的理财书籍，一定花了大量的时间钻研。一口气读下来，酣畅淋漓，希望艾玛的这些钻研成果也能为你的个人财富管理带来价值。

杨洋
苏宁投资集团副总裁

推荐序二

后方稳固，才能驰骋疆场

认识艾玛整整15年了。当她提出希望我为她的书做序时，我并不意外。毕竟，在我的印象中，以她的才情，她笔下的文字付梓是早晚的事。然而，当我拿到样书，并一口气读完后，倒真是有几分惊喜。她深入浅出地讲解了投资理财方面的知识，同时又融入了对生活的深刻感悟，仿佛一个快乐、从容的艾玛就在我面前向我娓娓道来。

每个人一生中都会有很多目标，这其中大多都离不开财务保障，如让辛劳一生的父母安享晚年；让年幼的子女获得更好的教育与成长环境；给心爱的人一个温馨的家；使自己不断充电与深造，去争取职场上的进阶。这一切，都需要我们做好准备，特别是金钱上的准备。

大多数人不会掩饰对金钱的喜爱，往往我们谈论更多的是如何赚钱，如何赚更多的钱。但当谈到如何理财时，有些朋友就会觉得枯燥、乏味，甚至不愿意去面对。这其中会有一些似曾相识的理由，例如，“我本来就没什么财，也就没什么可理的”；“只要我能持续赚到钱，我的财富自然就会越来越多”；“很多人讲理财只是忽悠而已”。

我对理财的态度也有一个转变的过程。从当初毕业离校、初入职场，到后来晋升高管、成家生子，再到现在创业，这一路走来，我不断地设定目标、聚焦、拼搏、达成，去欣赏人生路上的下一段风景。然而，曾几何时，我忽然发现，我几乎一直在外闯荡，驰骋疆场；而家里也应该有人梳理内政，稳固后方。有了这牢固安稳的后方，在外闯荡的人就不再有后顾之忧。胜则王者归来，成就家业一世兴旺；败则回归家庭，依然岁月静好，修整过后，还可以从头再来。

由于男女在性格上的差异，也会带来不同的理财态度，就好像我更愿意中流击水、做大格局，而艾玛却更喜欢细水长流、稳中求进。这或许没有对错之分，但却是很好的互补。我非常感谢艾玛带来的这个视角，能够帮助我更好地理解生活、财富、家庭等方面的平衡。

在此，我希望把艾玛的这本书推荐给我所有的朋友们，希望我们能够更加智慧地掌控金钱、创造财富。也相信阅读本书的您一定会和我一样，收获颇丰。

刘 忻

熊猫新能源 CEO

前言

凡是过往，皆为序章。

——莎士比亚《暴风雨》

一日，坐在香港街头的一家茶餐厅吃下午茶。斜前方有一块半透明的玻璃窗，既可以照见餐厅内部，又能透光看出窗外。

玻璃窗的画面里，左边有一个老妇人，眼神浑浊无力，正透过玻璃看向窗外。她面前放着一杯奶茶，冉冉升着热气。她就佝偻着身子坐在那里，徐徐不见动作。

画面的右边是一个穿着学校制服的小女孩，八九岁光景，扎着两个小辫子。或许是刚放学，一边吃叉烧炒蛋，一边叽叽喳喳地与身边的菲佣聊天，表情灵动欢快，很是可爱。

隔一阵子，窗外走过一位妙龄女子，因玻璃颜色较深，从外面看上去也似一面镜子。只见她停在窗边，梳理头发，整饬妆容。位置就恰好站在这一老一少中间。

眼前这面玻璃窗，就浮现出一幅有趣的画面：从左至右，从满面皱纹、苍老枯瘦的老妪，到袅袅娜娜、风姿绰约的女子，再到明眸皓齿、巧笑嫣然的女童，像电影倒带一样，越来越鲜活生动，把女人的一生都展现了出来。

我看得有些愣神。人的一生只有匆匆几十年。如果让老妪就此返老还童，她会怎样选择自己的人生？于是，我萌生了写这本书的念头：**回顾我们踏入社会后的每一个重要节点——初踏入社会、即将组建小家庭、步入中产门槛、创业困境、有了一定规模的工作室、中层精英、稳定的中年生活、达到一定资产规模后的全球配置、收入过高想要合理节税，以及到最后规划如何更好地将财富传承至下一代，去探讨在这不同的人生阶段，应该如何理财，才能让生活更加美好。**

有人说，谈钱太俗。可是，生活中遇到的 80%以上的问题都与钱有关。女孩想要接受更好的教育——需要钱；妙龄女子想来一场说走就走的旅行——需要钱；老妪想要更好的医疗、更安详的晚年——需要钱……

女人如此，男人亦然。要想征服星辰与大海，至少身后要有财力让你义无反顾。

钱不是最重要的，但当你缺钱的时候，它就如同一条粗粗的麻绳，捆绑住了你自由的灵魂。只有当你成为这条绳索的掌控者时，你才能随心所欲，做你想做的事。

“理财”这个词古已有之，却到近些年才流行了起来。由于不如经济学、会计学、工商管理等学科那么专业和“高大上”，因此未能成为一门系统的学科。大家零零散散地从各个学科中汲取养分，悟到一些原理和方法。

在过去财富野蛮生长的三十多年里，很多人积累了一定的财富，但却没有培养起相应的理财观念和意识。

坊间，推广理财的，要么是财经方面的专家，写宏观基本面、技术趋势、投资技巧，指标技术一大堆，让普通百姓望而却步；要么是受自身利益驱使的保险或基金产品经纪人，只推广与自身业务相关的产品，说得天花乱坠，让人不敢尽信；要么着眼于在各平台上辗转腾挪、钻空子赚小便宜的小伎俩，真正系统的、针对普通家庭生活的、浅显易懂的理财书籍并不多。

因此，**借着梳理人生不同的阶段，通过几个家庭面临的不同问题，我着重介绍了理财的十大模块，希望用通俗易懂的语言，给大家搭出一幅完整的、体系化的理财图景。**

让大家不会一提到“理财”，就只会联想到赚钱、投资和买保险，明白理财是一个**集认识自身、设定目标、控制消费、管理债务、职业发展、购入和盘活资产、配置与风险、架构设计和传承规划于一体的系统工程。**

让大家不会误以为理财只是解决燃眉之急的金钱问题，而应该是通过合理调配有限职业生涯的财富盈余、适当利用负债来支付人一辈子的支出，以达到个人终生消费的效用最大化。

让大家不会误以为钱只要越多就会越好，而忽视了收入来源的结构和现金流的状态。

让大家不会误以为只要投资就会面临非常大的风险，必须是金融专业人士才能操作。希望大家明白，理财是每一个普通人都可以做的事，只要做好资产配置，了解风险管理的方法，就能在承受一部分能承受的风险的基础上，实现资产的增值和保值。

让大家不会误以为一个投资公式就能适合所有家庭，一个理财方案就能适用人生的所有阶段，而应该明白理财背后的原理，要根据不同家庭的实际状况和不同需求来量身定做。

理财就是理生活。无论你是幼童、妙龄女子还是老妪，无论你处于人生的哪一个阶段，从现在开始，打开心扉，跟着艾玛来一场时光旅行。我们一起探讨理财知识，并思考其在自己家庭的应用，去迎接更美好的未来。

人与人的差距，除了运气和努力，更重要的是，在认知差距影响下的一次次选择所造成的距离。自你翻开这本书起，我相信，你这一次的选择绝对没有错。

我们说："种一棵树，最好的时机在十年前，其次就是现在。"

我们说："前半生，我们不犹豫；后半生，我们不后悔。"

祝大家在未来都不会后悔！

本书读者对象

所有对理财感兴趣、想要更好的生活的普罗大众，包括但不限于：

- 家庭或个人遇到财务问题的人士，如"月光族""蜗居族"及债务繁重人士。
- 对未来的财务方向产生困惑的人士。
- 之前一直靠直觉和消息投资，不了解资产配置和风险管理的人士。
- 仅对某一种或几种投资品类熟悉，但不了解理财全景的专业投资人士。
- 需要了解财富传承和节税规划的人士。

参与本书编写的人员还有张增强，在此表示感谢！

艾玛·沈

2018 年 3 月 23 日 中国香港

目 录

第 1 篇 概 述

第 2 篇 基础篇

第 3 篇 进阶篇

第4篇 高级篇

第 1 篇

概 述

第 1 章

挣钱一阵子，花钱一辈子

“女人的不幸在于被几乎不可抗拒的诱惑包围着；她不被要求奋发向上，只被鼓励滑下去到达极乐。当她发现自己被海市蜃楼愚弄时，为时已晚，她的力量在失败的冒险中已被耗尽。”

——女权运动创始人、法国作家　西蒙·波娃

春色明媚，我坐在咖啡厅里看着窗外。微风吹过湖面，泛起阵阵涟漪，阳光照在刚刚抽枝的柳条上，给鲜嫩的新绿镀上淡淡的金色光彩。又是一个闲适的午后。

这两年，我不再如以往那么马不停蹄地工作。我开始四处走走，看不同的风景，认识不同的人。

没有雾霾的西湖，正如东坡先生所说，“淡妆浓抹总相宜”。

一阵急躁的脚步声传来，我转头看向朝我急步走来的女孩。不，已经不是女孩了。她是我的大学同学素素。我对素素的记忆还停留在十年前那娇艳的模样。如今

我们俩都即将不惑。

“对不起，我迟到了。刚把女儿送去她外婆家。路上有些堵。”风吹得她的发丝凌乱，衬得脸色很是憔悴。她的黑眼圈有些深，似乎没有睡好。

“十年没见了，你最近怎么样？”

她沉默了一会儿，有些迟疑，终究又咬咬牙说：“我离婚了，就在两年前。他在外面有姘头，怀孕了，找人测了是一个儿子。吵着要名分。我很生气！这么久了，我一直被蒙在鼓里！你知道，我是一个心高气傲的人。结婚前，那么多人追我，我千挑万选，选了他。结果却是这样！”话没说完，她眼圈就红了。“真后悔，当年没听你的话。”

我叹了口气。

1.1　十年前

十年前，也是这样一个午后。我来杭州出差，约她吃饭。毕业后，她留在杭州，做了富家太太。我去香港读书、工作，很少见面，只在朋友圈偶尔了解一下彼此的境况。

那天，她兴致勃勃地跟我分享刚从韩国购物回来的心得：什么牌子在韩国比中国香港还便宜，什么牌子日本的更好一些。叽叽喳喳如百灵鸟一样，她满脸洋溢着幸福的笑容。

看我搭不上话，她有些悻悻然：“你看！当初跟你说，要嫁一个有钱的，你偏要自己打拼，又找了一个平民当老公。不然以你名校毕业、姿色出众的条件，完全可以和我一样挑一个好的。何必像现在这么辛苦，还要四处出差奔波。”

十年前的我，工作非常忙，加班、出差是常事，的确很疲惫：“没办法。要赚钱啊！”

“赚钱？交给男人就行啦。我们啊，就应该只负责在家貌美如花。与朋友喝喝茶、聊聊天、做做美容、养养花。这才是诗和远方啊。”

我摇头：“你至少得养活自己吧。万一有一天男人不要你了呢？”

她一扬头，有些恣意地说："那我就向他要一大笔钱，然后再找其他比他更好的男人，让他后悔！"十年前的她，还是一朵娇艳的芙蓉花。一路以来的顺遂，让她对自己的未来充满信心。

"咱们还年轻，未来变数太大，还是要做一些准备的。你至少得存一笔钱，学学做投资。财政独立了，你身板儿也更硬一些。"我苦口婆心。

但她显然没有听进去。她老公对她很是宠爱，给了她很高限额的附属卡，购物随便刷。她的钱包里也总是满满的，没了钱，她老公就会体贴地再塞一些进去。

"投资啊？我老公就是我最好的投资！"她说话的声音也是娇娇媚媚的。那副模样，一直印在我的脑海里。

1.2 十年后

十年，是很长的一段时间。尤其是大学毕业头十年，正是人生剧烈转变时期。留在哪个城市？入哪一行？选择什么工作？和什么人组成家庭？有没有尽早买房购车？每一个选择都引领你走上不同的道路。

而头十年，恰恰是资本原始积累的黄金时期，如果好好计划，可以为以后的很多年打下坚实的基础。

"我太傻了，没向他多要一点。他给了我女儿、房子、车子，还有 200 万元现金。"她郁郁的声音打断了我的思绪，"我当时太骄傲了。我觉得凭我的学历、姿色，一定能找到更好的。我一定能够让他后悔。我要活得好好的给他看。"

当然，现实没有这么遂心如意。大多数罗子君，都找不到她们的贺涵。

离婚头半年，她用疯狂购物来排解内心的挫败感。等她重新站起来时，已经花掉了几十万元。后半年，她打扮得鲜艳靓丽，在各个社交场所寻觅猎物。然而，金龟婿没有钓到，渣男却遇到了好几个。一起玩玩可以，一说承担责任，就都溜之大吉。她毕竟不年轻了，还带了一个孩子。

到了第二年，她开始想着要靠自己，这时又遇到一个甜言蜜语的"小鲜肉"，说和她一起投资创业，然而却骗走了她几十万元。如今，她只剩下 60 多万元现金。

说着说着，她已泣不成声，扑倒在我的怀里。

我轻拍她的背，等她哭够了，洗漱干净，看着她红肿的眼睛，安慰她："没事，以后日子还长着呢，你这么聪明，只要真心想开始，学会科学的方法，认真、踏实并坚持去做，什么时候开始都不晚。"

"还不晚吗？我记得读书的时候，你跟我提过一个叫"草帽曲线"的东西，说人一辈子就只有黄金三十年，其他时候都要靠这三十年养着。好后悔当时没有好好听，我现在都已经过了一半了，剩下的时间更少，怎么养得活自己？我还有女儿！"说着，她又要哭起来。

1.3　草帽曲线

读大学时，第一次听说"草帽曲线"，我在宿舍里感慨了良久。

"草帽曲线"把人生比喻成一条射线。人一出生，就如同开弓，没有回头箭，一路急匆匆地奔向死亡。我们不得不面对迎面而来的各种问题。

（1）0～25 岁，是我们的成长期。我们要成长，要接受教育。我们依赖父母长大，他们支付我们的所有费用。同样，在未来，我们也背负着养育自己儿女的责任。

（2）25～60 岁，是我们的黄金期。我们毕业后，步入社会。我们充满力量和希望，我们相信靠自己能够改变自己和家人的命运。这一时期是我们的黄金期，也是我们从梦想的云端跌入凡尘的时期。理想很丰满，现实很骨感。我们努力工作、创业，赚得越来越多，负担却也越来越重。我们成家立业、买房买车、养儿育女、赡养老人，收入越来越高，支出也越来越多。

（3）似乎眨眼间，我们就垂垂老矣。60 岁，我们退休了。身体越来越虚弱，疾病越来越多，储蓄和子女成了我们的指望。然而，累积了多年的财富却遭遇通货膨胀，生活压力已非比寻常。我们的儿女能否如我们当年一样，照顾和支持我们？这都是未知数。

过了 60 岁，我们还能活多久？

中国国家统计局 2017 年 7 月 25 日公布，2016 年，中国大陆男性平均寿命为 73.64 岁，女性为 79.43 岁。可预见的未来，寿命只会越来越长。

有人苦笑说，最怕死得早，也怕活太长。

我们工作时间有限，只有25～60岁的短短35年，但人生却很漫长，**我们需要用我们短短的职业生涯来承载整个人生所背负的责任**。哪个阶段都离不开衣食住行，正所谓“挣钱一阵子，花钱一辈子”。

如图1-1所示，如果把我们一辈子需要支付的费用用一条虚线“支出线”表示，把我们在黄金期赚取的收入用一条实线“收入线”表示，则两条线与代表我们人生的射线正好组成了一个草帽的图案，因此，大家称之为“草帽曲线”。

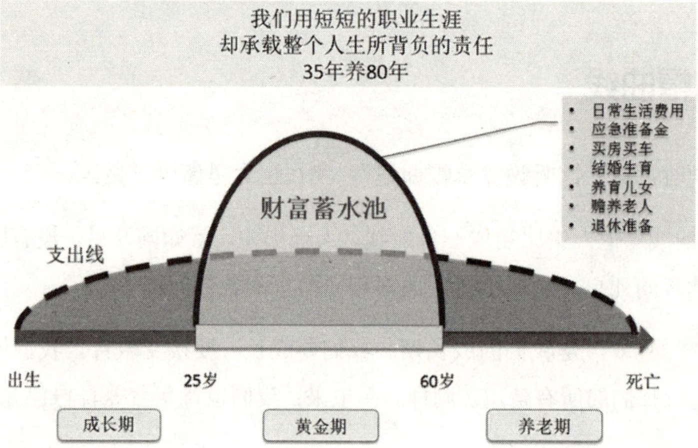

图1-1 草帽曲线

帽子的凸出部位，就是我们的“财富蓄水池”。我们用这个蓄水池中的“水”，支付我们的日常生活费用、预留一部分应急准备金、买房买车、结婚生孩子、养育儿女、赡养老人，还要为我们退休做准备。蓄水池中的水越多，生活负担越轻。

1.4 理财的本质

人一生能赚钱的时光如此短暂，消费却是一辈子的事，活到老，花到老。草帽曲线，让人倍感沉重和疲惫。

有人说：“艾玛，你不要耸人听闻。我不求大富大贵，只要平平安安过自己的小日子就行。以前的人不都这么过吗？该工作时认真工作，该成家时成家，慢慢养大一个孩子，有钱就多花点，没钱就少花点。老了留下一间房子，也许还能留下一笔保险金。人家能过，我为什么就过不了？”

的确，如果一切顺遂，好好读书，找一份稳定的高薪工作；努力工作，争取升职加薪；量入为出，存够退休金；光荣退休，在退休期间勤俭持家，期盼不要生一场大病。大家一切顺其自然，按部就班，相信只要勤勤恳恳，没有不良嗜好，船到桥头就自然直了，遇到任何灾难，便只归于天命。

然而，最近这些年，社会迅速转变，通货膨胀，物价上涨，消费主义盛行，公共福利又没有跟上，传统智慧不再适用于当下。于是，便有了众多不信命的人，他们想找到让自己过得更好的方法。于是，便有了“理财”。

草帽曲线直观地揭示了我们需要用短暂的工作时间赚取的收入，去平衡一生的消费。也正因为如此，理财的目的在于，**通过合理安排负债和盈余资金，以调整整个生命周期中各时期收入和支出的差额，从而提高家庭财富的效能，最大限度地满足个人终身消费及家庭日常生活所需。**

通俗地说，理财就是：**努力拓宽财富蓄水池，适当控制支出，并合理调配蓄水池中的“水”，以支付整个生命周期的费用。理财追求的不仅是物质财富的最大化，还包括获得整个生命周期内的效用最大化。**

这涉及三个方面，具体内容如下。

（1）开源：拓宽财富蓄水池。

（2）节流：适当控制支出。

（3）分配：合理调配，以支付一生的费用。

也正因为如此，才有了“理财就是理人生”的说法。

老话“人无远虑，必有近忧”，我听了无数遍，觉得老生常谈，一无所动。但当“草帽曲线”直观地展示在我眼前时，如醍醐灌顶般，一下子敲醒了我大学时期的懵懂，成为我走上理财生涯的起点。我第一次感受到，原来有效的时间这么少，于是决定尽早开始理财，并好好利用每一年。

十几年来，我节制消费，积极储蓄，学习多元化投资以分散风险，慢慢走出了自己的一条道路，让我未到不惑之年就实现了财务自由，从而得以轻松自在地周游各地，不用被柴米油盐所拖累。

反观我的同学素素，十几年来，在最美好的年纪过着最滋润的日子，但却由于过分依赖他人，自身没有积累和成长。在离婚时，由于平常没有参与家庭的经济活动，她不知道自己应得多少，甚至不知道属于自己的那部分在哪里。离婚后，她不知道该如何靠自己生活，因此陷入了窘境。

不过，逝者已去，来者可追。种一棵树，最好的时机是在十年前，其次就是现在。现在开始还不晚。

本章知识点

- 草帽曲线。
- 理财的本质。

本章练习

- 思考自己正处于草帽曲线的哪一个阶段。
- 思考如何提高自己的财富蓄水池。

第 2 章 鸭舌帽曲线

“我要怎么做？”素素殷切地看着我，“我剩下的 60 多万元全给你，你帮我投资吧？”

我微笑着摇摇头：“你呀！还是没有变，过去你依赖前夫，后来指望未来的金龟婿，之后又想靠小鲜肉，现在又来依赖我。你一直在犯同样的错儿。”

“我知道！别人都靠不住，要靠自己！可是我不知道怎么做，除了有文凭，我什么也不会。”素素很沮丧，委屈地看着我。

2.1 偷听的男子

我盯着她这么多年依旧纯真的面庞，叹了口气：“你想要什么？”

“要钱啊！”她感觉到我愿意帮她，口气立刻轻松了起来，“要很多很多钱。200 万元太少了，只够我花两年。”

我继续盯着她，她有些不好意思了，讷讷地说：“省一点，200 万元还是能花很多年的。我不是一开始没有习惯嘛！也没想到现实会这么残酷。”

“那很多很多钱，到底是多少呢？”我继续追问。

“两千万元？五千万元？我也不知道。要有足够的钱，让我能好好地生活，养大我的女儿就行了。但是，钱从哪里来呢？除非马上再找一个有钱的老公……”素素说着说着又兜回去了。

“什么？依赖……”我出声提醒。

素素立马正色道：“哦！知道知道！要靠自己！要靠自己！”

“我明白你的意思，你是想达到‘财务安全’的目标。”

“什么是**‘财务安全’**？钱财不丢失、不受骗吗？我知道我以前有些傻，相信了那个小子，以后靠自己就不会这么容易上当了。”素素愤愤然地说。

我笑了笑，正色道：“所谓**‘财务安全’，是指个人或家庭对自己的财务状况充满信心，认为足以应付未来所有的财务支出和其他生活目标的实现，不会出现大的财务危机**”。

“没错，我就是这个意思。手头要有很多很多钱，不管未来发生什么，都不用担心钱不够。”素素不觉声音大了起来，“我要做有钱人！”

“噗”，突然传来一声男人的嗤笑声。

我们转身一看，不知何时，隔壁桌坐了一位年轻男子，长长的头发绑成马尾，衣服松松垮垮，看上去很是不羁。也不知他在旁边偷听了多久。

“嘿！你怎么偷听我们讲话？”素素很生气，嚷了起来。

“你说话那么大声，想听不到也难啊。”男子笑嘻嘻地说，“话说，有钱人有什么好啊？天天辛苦赚钱，没有时间做自己想做的事。好不容易手上有几百上千万元了，还不是一样苦恼？穷人怕没钱，富人怕有钱后又失去钱，两种煎熬一样辛苦。我现在就挺好，想干吗就干吗，不用为了追逐‘孔方兄’而失去自己。我穷，但我瞎开心着。”

素素一脸得意，把我刚刚给她画的草帽曲线摆在他面前，以小斗士的姿态，跟他解释了一遍曲线的含义，“你现在不趁着能工作存点钱，以后退休了怎么办？要怎么养你的老婆、孩子？要怎么看病、吃饭？”

“……”

素素乘胜追击：“你想干什么就干什么？你想去南极旅行，你能去吗？你女朋友想要三克拉钻戒，你能给吗？你孩子要出国留学，你能负担得起吗？哼！穷开心。你只看到眼前那一丁点儿的地方，算什么想干什么就干什么？”

男子讪讪然：“我又不去南极。我找一个居家过日子的女朋友。家里穷，孩子就穷养，干吗一定要出国？”

我看着他们火药味儿有点重，插嘴道：“素素说得没错。你现在想干什么就干什么，只是有限范围内的选择。现在你是这么想的，以后未必如此。我女儿爱画画，有一天她问我，为什么要读书呢？这么辛苦，我每天画画就可以了呀！的确，她现在想画画就可以画画，但是如果她不读书，未来有一天，她想做一些画画以外的事，却因为她没有读书而无法去做，岂不后悔？她头二十年努力读书了，以后的五六十年，她依旧可以选择去画画，也可以选择去做一些别的事情……”

2.2　财务保障、财务安全和财务自由

“那要有多少钱才够呢？”男子打断我的话，“五百万元？一千万元？一个亿？你赚的钱越多，花的也越多。就算再富有，也总有坐吃山空的一天，但你为了这些钱，不停地工作、加班，把美好年华和健康都消耗掉了。”

“所以，要想‘财务安全’，我们不能只靠钱多，而是要靠有效的机制。”

“什么‘有效的机制’？”素素和男子异口同声地问。

“我们平常说的**‘富有’‘家财万贯’‘家有金山银山’，都是指绝对数量上的多**。正如你所说，数量再多，也总有坐吃山空的一天。但如果我们达到了‘财务自由’就不同啦。”

“刚刚是‘财务安全’，现在是‘财务自由’，词汇真多。不都是讲钱多吗？有什么不同？”男子一脸不屑。

“看来你偷听了不少哦！”我笑着说，“话说，你怎么称呼？”

男子有些不好意思地挠挠头："我叫阿逊。素素，你好！您是？"

"我是艾玛。"

2.2.1 财务保障

"其实除了'财务安全''财务自由'，还有一个相近的词，叫作**'财务保障'**。

"财务保障，顾名思义，**就是如果你今天突然被炒鱿鱼或紧急需要一笔医疗费，能够有钱立刻支付，帮家庭暂时渡过这道难关。**一般而言，准备一笔备用金就行了。"

"像你这样还没有成家的年轻人，"我指指阿逊，"3～6 个月的薪水也就够了。家庭的话，每月开销会多一些。况且人到中年，失业后重新找到工作的时间较长，生病也不如年轻人能快速恢复、回到职场。因此，建议至少准备 6 个月以上的备用金。这些备用金可以购买货币基金等短期产品，有小小的利息收入，也能随时取出。财务保障只能应付短期的财务问题。"

2.2.2 财务安全

"**'财务安全'是指，财务状况足以应付未来所有的财务支出和其他生活目标的实现，不会出现大的财务危机。**在理财界，衡量是否达到财务安全有八个指标：

"第一，是否有稳定、充足的收入，收入必须持续且稳定，并且还必须与生活水平相匹配。

"第二，个人是否有发展的潜力，主要指本职工作能否升职加薪、创业的生意能否盈利。

"第三，是否有充足的现金准备，即财务保障提到的备用金是否足够。

"第四，是否有适当的住房，每个家庭对住房的需求不同，以自己的心理需求为准。

"第五，是否购买了适当的财产和人身保险，尤其是家庭收入的顶梁柱，需要购买一定的保险，以预防突然身故或因疾病而无法工作给家庭带来的冲击。

"第六，是否有收益稳定的投资，收益稳定最重要。

“第七，是否享受社会保障。

“第八，是否有额外的养老保障计划。

“这八个指标了解一下就行，不重要。最重要的是‘财务自由’。”

“不重要，你讲这么多？害得我记得好辛苦。”阿逊埋怨道。看来他之前不屑于赚钱的言论只是假清高而已。

“下面一个概念很重要，你笔记写清楚一点呀。”我揶揄他。素素在一旁掩嘴笑。

2.2.3　财务自由

我继续说道：“**当你每月的被动收入超过了每月支出时，我们就说你达到了财务自由。**财务自由是每一位理财人的财务目标。”如图 2-1 所示。

图 2-1　财务自由的定义

素素问：“被动收入超过支出……什么是‘被动收入’？”

“这是一个非常重要的概念。所谓**‘被动收入’，是指不需要你付出大量时间和精力，就能不断将钱放入你口袋的收入。**你每天去上班，赚的工资不是被动收入。因为只要你停止工作，收入也就没了。”

“哪些是被动收入呢？”阿逊还挺投入。

“比如出租的房屋，你出去旅行几个月，它依然每个月为你赚房租。只有在租客交替和维护房屋时，才需要提供短暂和少量的服务。再如银行利息、收息股或债券，你只要买了，就可以定期收到利息。又如盈利中公司的股份，你不需要成为公司的日常运营者，仅是财务投资者，持有一部分甚至小部分股份，就可以定期得到分红。还有文字、音乐、游戏等产生的版权收入等。

“财务自由最重要的是**财务再生能力。不是数量上的几百、上千万元，而是搭建一个架构，由不同的渠道不断带给你收入，而不需要你投入太多时间和精力。**

“好比牧场主的羊群，那些母羊可以挤羊奶、剃羊毛做衣服，但最重要的是母羊能生羊宝宝。羊宝宝长大后又是一批母羊，形成了滚雪球的效应，越滚越大，你的羊就越来越多。之后，你会分成不同的羊圈进行管理，就算偶尔因疾病死掉了一批母羊，但只要你还有火种，就还有再生的能力，你就不会惧怕。

“富有到一定程度，就会进行合理的资产配置来分散风险。只要方法对了，投资的风险就是可控的，不用太焦虑投资失败的问题。你一开始说富人怕有钱后又失去钱，很煎熬、很辛苦，其实是方法不对。”

阿逊听毕，沉吟良久，才徐徐点头。

2.3 鸭舌帽曲线给你更多的自由和选择权

我继续说道：“由于这些收入不用投入太多时间和精力，所以你有更多的自由去做你想做的事情。尽管你的选择还是在一定范围内，但这个范围要大很多。**要令人生变得多姿多彩，最重要的就是要有选择权。**有钱没时间，或是有时间没钱，都没有足够的选择权。理财的目的，正是让你有更大的选择权。

“回到之前咱们提到的草帽曲线，在你无法工作的时候，被动收入依旧持续向你的财富蓄水池供水。因此，财务自由下的草帽曲线就变成了‘鸭舌帽曲线’（见图 2-2）。财富蓄水池又宽又长，财务压力就不再那么大了。

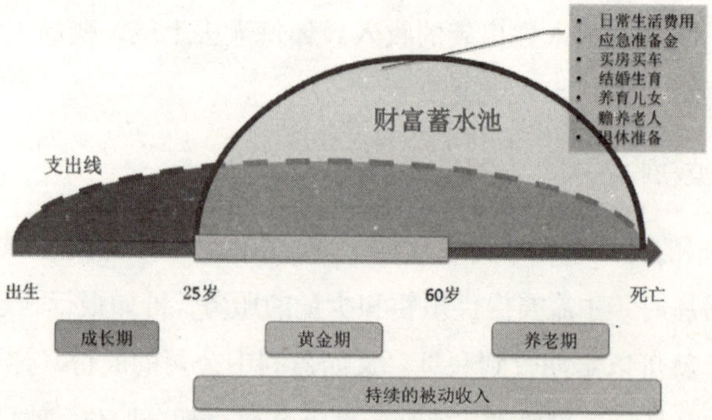

图 2-2 鸭舌帽曲线

“在普通情况下，如果生病了，无法工作，生活立刻就捉襟见肘，只能靠亲友救助，靠上天垂怜。实现财务自由后，即使不工作，也依然有被动收入，你可以借此维持生活，找途径治疗病痛，渡过难关。因此，实现财务自由后，就更容易达到财务安全，两者是相关的。”

素素问：“你说的我们也明白。但是，到底怎样才能实现财务自由呢？”

我回答：“实现财务自由有两个因素，即被动收入和日常支出。**要想实现财务自由，需要从两个方向去努力。其一，增加被动收入；其二，缩减日常支出。两者并举，就比较容易实现财务自由。**”

“缩减支出，就是省钱，这个简单。”阿逊说，“但是，对我这样一穷二白的人来说，怎么才能增加被动收入呢？收房租，得先要有房子；买股票和债券需要本金；投资公司更是如此。我也没能力谱个曲子、写本书，每月只有几千元的收入，怎么才能有被动收入呢？”

“是呀，这也是我头痛的事。”素素忙应和。

“可别小看每月的几千元钱。你知道吗？每个月存一千元，40 年后就有可能成为亿万富翁呢。”我对着他们眨了眨眼睛。

“真的假的？”阿逊一副不要骗我的表情。

本章知识点

- 鸭舌帽曲线。
- 财务保障。
- 财务安全。
- 财务自由。

本章练习

根据财务自由的公式，计算一下你的被动收入离固定日常支出还有多远。

第 3 章

时间就是金钱，一寸光阴一寸金

我继续卖关子：“‘每个月存一千元，40 年后成为亿万富翁’这话可不是我说的，据说是李嘉诚读夜校时的老师说的。李嘉诚就是受这句话启发，经过不断努力，最后成了华人首富。”

“别开玩笑了！”阿逊依旧一脸你当我是傻子的表情，“如果真是这样，那么我从这个月开始每个月存一千元！不！不！不！我存三千元！是不是 20 年后就能成为亿万富翁了？”

我看看窗外天色，湖面已经铺满金黄色的霞光。晚上还有一个约会，到时间撤了。我看着素素：“今天没时间了，晚上还约了人。我这两天还在杭州，你明晚有时间的话，咱们一起吃晚饭？”

“有空，有空。就这么说定了。”我们愉快地约了明天见面的时间和地点。阿逊在一旁欲言又止。

离开前，我留了三个问题给素素，等明天一起讨论。

问题1：借不借钱？

隔壁老王跑来向你借 10 万元，说 5 年后还你 12 万元。你借还是不借？

问题2：多久购买力减半？

这些年通货膨胀严重，货币一直在贬值。假设每年通胀率为 3.5%，今天的 100 元，多少年后只相当于如今 50 元的购买力？也就是说，多久购买力减半？

问题3：买哪款理财产品？

银行理财产品有日日盈、月月盈、双月盈、年年盈，如果年利率都是 5%，那么买哪一款好呢？

3.1 现学现卖的阿逊

第二天晚上，到了约定的时间，素素还没有到。正打算给她打电话，却看到素素和阿逊两人联袂而来。

阿逊赧然：“昨天你走后，素素说她数学不好，看到数字就头晕，非要拉着我讨论，我也很好奇三个问题的答案是什么，所以今天就一起来了。你不会觉得我碍眼吧？”

我呵呵一笑。阿逊还真是一个大男孩，明明自己想来，还说得这么被迫。

我看向素素，今天的她比昨天气色好多了，长长的头发挽了一个髻，清丽中多了一份温婉：“孩子安顿好了吗？”

“嗯。交给她外婆了。”素素单刀直入，“那个隔壁老王的问题，我想，10 万元放在银行，年利率也就 3%，一年利息为 3 千元，5 年利息是 1.5 万元。老王还我 12 万元，我还多赚了 5 千元。自然是借的好。”

“嘿嘿。我们昨天临走时是这么讨论的。不过，我回去后又在网上搜索了李嘉诚的故事。我知道了你今天要讲什么。”阿逊面带得意，“你要跟我们讲‘复利’，我猜得不错吧？”

“哇！你真狡猾，居然知道上网找答案。”素素满脸惊讶，“话说，什么是复利？”

“复利，就是钱滚钱，利息也能产生利息。”阿逊现学现卖，“你小时候看过那个苏丹的寓言故事吗？”

“哪个寓言故事？”素素问。

我笑着看他们俩你一言我一语，感觉有什么情愫在偷偷发酵中。

“从前有一位大臣解救了他的国家。国王苏丹为了感谢他，问他：‘我要赏你很多很多小麦。你想要多少啊？尽管开口，别客气。’大臣那时候正在跟苏丹下棋，于是指着面前的棋盘说：‘不用很多，只要在棋盘的第一格放一粒小麦，第二格放两粒，第三格放四粒，第四格放八粒……以此类推，把棋盘上的 64 个格子都放满就行了。’苏丹觉得这个要求很简单，认为大臣知情识趣，就同意了他的要求。没多久，财政大臣跑过来大哭，说整个国家的小麦都给了他还不够。最后为了信守承诺，苏丹把整个国家送给了那位大臣。”

“怎么会呢？”素素很茫然。

“你肯定是文科生，难怪数学不好。”阿逊越发得意起来，“苏丹和你一样不懂得复利的可怕力量。所有东西连续加倍 64 次，都会变成天文数字。所以说，如果用复利来计算，当然不能把 10 万元借给隔壁老王了。”

看着阿逊的得意劲儿，我忍不住笑了，摇着头说：“不不不，如果年利率为 3%，5 年复利，最后也不过能得到 115 927 元。只比刚刚素素算的单利多了 927 元。”

阿逊立马傻眼了：“啊？哪里出了问题？”

素素哈哈大笑：“看你怎么继续耍小聪明。”

我笑着对他们两人说：“记笔记的，快准备好纸笔。那个数学不好的，准备好计算器。”

3.2 单利 VS 复利

3.2.1 单利

我接着说道：“要想搞明白什么是复利，得先从单利开始。因为复利其实是多个单利的组合。平常银行给咱们算的都是单利。**所谓单利，就是一笔钱无论存多久，只有本金计算利息**。素素说，10 万元借 5 年，每年利率为 3%，利息为 1.5 万元，就是单利的算法（见图 3-1）。”

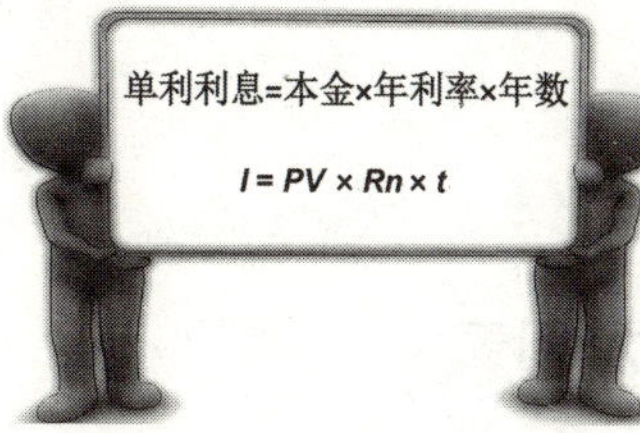
单利利息=本金×年利率×年数
I = PV × Rn × t

图 3-1　单利的计算公式

3.2.2　复利

我继续：“阿逊说了，复利就是‘钱生钱，利滚利’，即除由本金获得利息外，新得到的利息在下一阶段同样可以生息。

“怎么计算呢？如果年数少，可以用傻瓜的方法来一年一年地计算。比如，隔壁老王向你借 10 万元，年利率为 3%，借 5 年，那么每年的利息分别是：第 1 年的利息=100 000×3%=3 000 元；第 2 年的利息=103 000×3%=3 090 元；第 3 年的利息=106 090×3%=3 182.7 元；第 4 年的利息=109 272.7×3%=3 278.18 元；第 5 年的利息=112 550.88×3%=3 376.53 元。5 年后复利终值为 112 550.88+3 376.53=115 927.41 元。因此，我说复利比单利只多了 927 元。”

阿逊同学又举手了：“这样算太麻烦了。难道 20 年、30 年也这么一年一年地计算下去？”

我说：“自然没有这么傻。复利有通用的计算公式（见图 3-2）。”

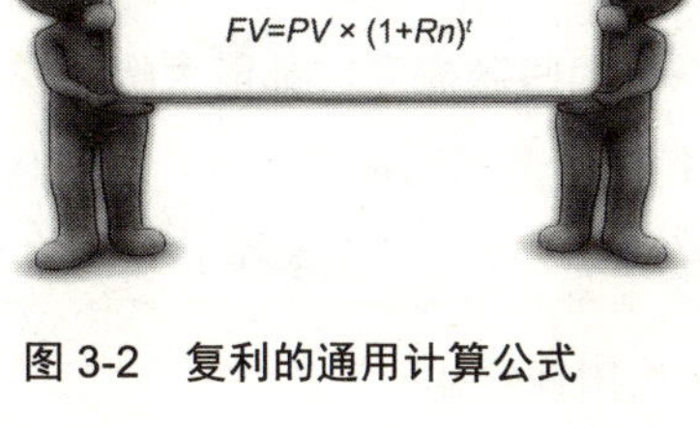
复利终值=本金×(1+年利率)年数
FV=PV × (1+Rn)t

图 3-2　复利的通用计算公式

“数学好的，快来算算能得多少钱？”素素吆喝。

“刚刚用笨方法算过了，不就多了 927 元嘛！就不算啦。我信你！”阿逊一副为兄弟两肋插刀、肝脑涂地的模样。

素素噗嗤笑了出来。

阿逊朝她一阵挤眉弄眼。

3.3 影响复利的三大因素

我继续说道：“爱因斯坦曾说，复利是世界第八大奇迹，知之者赚、不知之者被赚。”

素素越来越活泼了：“比单利才多了 927 元，算什么第八大奇迹？”

我：“咱们再来看一下复利的公式，复利终值=本金×(1+年利率)^{年数}。由此可见，影响终值的因素有三个。数学好的，你来说。”

阿逊故意清清嗓子：“这很简单。**第一，本金。本金越高，未来财富越多。**”

素素点头：“这简单，大家都知道。”

阿逊继续说：“**第二，年利率。年利率越高，未来财富越多。**”

我：“这一点最难，也是很多人觉得复利最忽悠人的地方。大家都拿 20%的回报率来举例，却很少有人提起几十年每年获得 20%的回报率有多难。”

阿逊点头附和：“**第三，年份。时间越长，未来财富越多。**”

我：“最初十年，复利效果并不明显。很多人只见存钱，不见收益，加上又到了成家立业、买房买车的人生阶段，生活负担越来越重，很容易就放弃了。但是，**想要看到复利的效果，就必须有足够长的时间，而且越往后效果越显著。**

“这三个因素，每一个的些微提升，都能大幅加快财富增长的速度。例如，同样是隔壁老王来借钱，每个因素稍微提高一下，变成借 20 万元，合理的年利率为 8%，30 年归还。数学好的算一下，单利多少？复利多少？”

阿逊一脸苦相：“可以用计算器吗？”

我不理他："来，素素，咱们尝尝这道清蒸鲥鱼，在香港很难吃到呢，还是咱们江浙好。"

一会儿，阿逊递了一张纸过来："小小数学题，岂能难倒我这浙大信息与电子工程系的高材生？"

"啥？你还是浙大的？"素素一脸不可置信。

"怎么样？帅吧！"阿逊作势抚了一下头发。

素素做呕吐状。

我看着他们两个戏精表演，心道：这算是素素这头老母牛啃了嫩草吧？不会又是一个欺骗感情的"小鲜肉"吧？回头记得提醒她一定要看清楚。

只见纸上工整地写着如图 3-3 所示的算式。

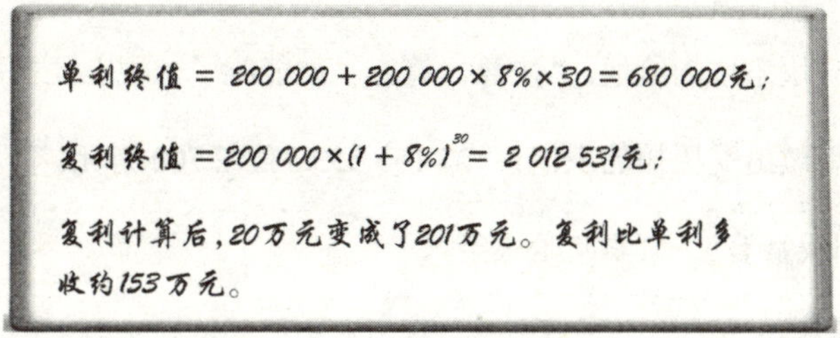

单利终值 = 200 000 + 200 000 × 8% × 30 = 680 000元；

复利终值 = 200 000 × (1 + 8%)^{30} = 2 012 531元；

复利计算后，20万元变成了201万元。复利比单利多收约153万元。

图 3-3　阿逊的计算结果

"字不错。"素素一副姐姐指点弟弟的模样，但下一秒就惊叫起来，"153 万元？没算错吧？之前才 20 万元，一下翻了十倍，变成了 201 万元？"

"请不要迷恋哥，哥只是传说。"阿逊一副欠扁的样子。

"关你什么事儿，素素又不是夸你数学好，她只是惊讶复利的魔力罢了。"连我都要被阿逊逗乐了，"新的一组数字（20 万元，合理的年利率 8%，30 年）和旧的一组数字（10 万元，年利率 3%，5 年）相比，三个因素每个只稍微提高一点，就有如此惊人的转变。20 万元不多，努力一下就能赚到；8%的年利率也不难实现；你就当把这 20 万元忘了，等上 30 年，就能变成 200 多万元。这就是复利！本金+收益率+时间，你就能成功。"

3.4 素素的千万富婆梦

素素兴奋起来："我有 60 万元！放上 30 年，能有多少？"

阿逊主动说："等哥哥帮你算算！"

"什么哥哥，你比我小多了。"素素撇撇嘴。

很快，阿逊得出了数字 6 037 594.13，说："600 万元。"

"哇！妈妈再也不用担心我的银行卡了！"素素雀跃地说。

我笑眯眯地看着他们俩："你试试把年收益率提升到 10%，好好学习投资之后，10%的年收益率是比较容易实现的。再放上 40 年看看。"

"阿逊小弟，快点！快点！"素素连声催促。

"我饿了。"阿逊假装苦着脸。

素素夹了一块东坡肉给他："快算，算完了就能吃了，现在还烫。"

阿逊配合地做出受压榨的表情："27 155 553.34。2 700 万元。"

"哇！请叫我富婆。"素素哈哈大笑。

我看着他们俩逗趣，默默地吃着菜。我想素素已经被她千万富婆的美梦喂饱了。

3.5 第四个影响因素

等他们都兴奋过了，我淡淡地说："其实复利还有第四个影响因素。"

"第四个？是什么？"素素问。

"复利与单利的不同之处在于利息也能产生利息。那么，利息收到得越早，不就能越早开始利滚利了吗？"我引导着。

阿逊恍然大悟："是呀！"

我："这就是第四个因素，称为**'每年计息次数'**。加上这个因素后，复利的公式是这样的（见图 3-4）。"

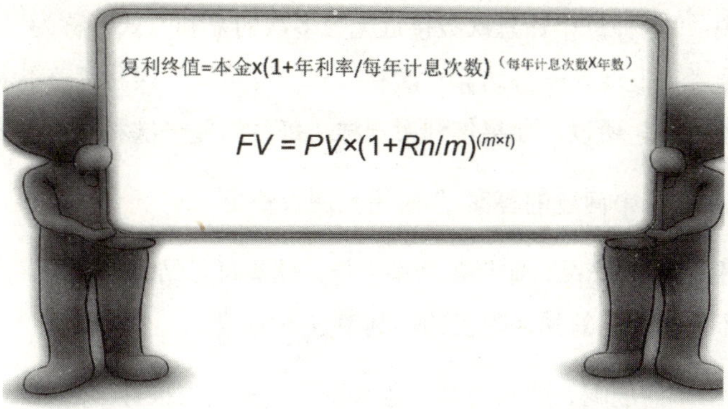

复利终值=本金x(1+年利率/每年计息次数)（每年计息次数X年数）
$FV = PV\times(1+Rn/m)^{(m\times t)}$

图 3-4　加入“每年计息次数”后的复利终值公式

我笑着挑一眼阿逊：“数学能手，快算算，如果每个月结算一次利息，千万富婆素素的命运如何？60 万元，10%的年利率，每月结算一次，40 年。”

素素两只眼睛里都是桃心：“我的命运就交给你了，阿逊！”尾音拖得长长的，软糯软糯的。

这一次，阿逊算得更久了一些，还涂涂改改了好几次，最后拿出了一张纸：“哥哥我不负众望，素素，虽然跟刚刚比没有根本性的变化，但至少你多了 500 万元。结果是 32 220 397.90 元。”

素素有些失望，她原以为能突破亿元的。复利的神奇让她抱有了太大的期望。不过，能多 500 万元也是好的。

我夹了一块笋片，慢慢地嚼完，咽下。看着还在向素素吹牛的阿逊说：“其实呢，只要百度一下‘复利计算器’，就可以在网上看到大把的小程序，只要输入关键指标，立刻就有结果了。”

“哇！你怎么不早说？我死了多少脑细胞啊！我要好好吃点补补，今晚再也不算了。”阿逊要“吐血”了。

素素向我比了一个大拇指：“艾玛，你越来越能耍了。”

我继续说：“数学能手，我再问你。既然提早收利息能带来这么大的收获，是不是每天结算一次利息更好？或者每分、每秒结算一次利息，是不是就会多很多收入？”

“我再也不上当了。素素，你去百度吧。哥哥我罢工！我要吃饭！”阿逊大吼。

我笑着说：“**这种每年计息次数接近无穷多次的复利方式，称为‘连续复利’。**经过计算，数学家发现，一月结算一次利息和一日结算一次利息差不多，和连续复利的结果也差不多。所以，**如果年利率一样，每月结算一次利息已是最优。**”

“哦！这是第三个问题的答案。”阿逊反应很快。

“没错。银行理财产品，如果年利率一样，就买每月结算一次的。当然，银行不会这么傻，不同时间结算的，提供的年利率也不同。”

“还有第二个问题呢？购买力减半怎么算？”素素也很好学。

3.6 72法则

我说道：“除了用来储蓄，复利还能用来估算通货膨胀后货币贬值的程度。金融学里有一个**72法则，是以复利为原理，用以估算投资翻倍或货币贬值减半所需要的时间的。**”

3.6.1 投资翻倍所需要的时间

我接着说道：“比如，借给隔壁老王的10万元，如果复利利息是8%，那么什么时候能翻倍到20万元呢？公式是：72 / 8（增长率）= 9年。也就是说，每年收益率为8%，用复利的方式计算，大概需要9年的时间，10万元就可以变成20万元。”

3.6.2 货币贬值减半所需要的时间

我又说道：“比如，借给隔壁老王的10万元，按每年通胀率3.5%来计算，多久以后10万元的购买力只相当于5万元呢？公式是：72 / 3.5（通胀率）= 20.57年。也就是说，购买力减半所需时间为20.57年。”

我继续说：“再回到昨天我提到的故事。故事中，李嘉诚的老师说，每个月存一千元，40年后就能成为亿万富翁。但前提是每年的投资回报率都达到20%。这对普通人来说基本是不可能的，但不要沮丧，至少你知道了接近亿万富翁的方法。咱们虽然做不了亿万富翁，但稍微努力一下，做到千万富翁还是可以的。素素，是吧？你就可以啊！

“还有你，数学能手，你说你可以每个月存三千元。如果每年投资回报率是 10%，每月结算一次，40 年后你将得到两千万元。你也是如假包换的千万富翁啦！”

“来！咱们千万富翁一起干一杯。”阿逊嘴里还含着肉丸，举起杯子，豪迈地说。

素素也是豪情万丈地用力碰了一下杯，把杯子里的茶水一饮而尽。

“别高兴得太早了。如果算上通胀率，就又悲剧了。3.5%的通胀率，20 年就会使购买力减半，40 年减半再减半。”我当头给他们泼了一盆冷水。

素素惊叫：“啊？”她已经张着嘴，无法言语了。

阿逊也是万分懊恼：“你至少让我们做一晚千万富翁的美梦啊！”

我安慰说：“发财，或者追求财务自由，可不是一件简单的事儿。记住影响复利的四个因素。**时间就是金钱，一寸光阴一寸金。从现在开始，多存钱、多学习，提高投资收益率，并一直坚持下去。**你做得越好，收获就越多。”

“老司机，带带我！”阿逊哀嚎，“这杯酒我先干为敬！”

本章知识点

- 复利。
- 72 法则。

本章练习

根据你现在的财务状况，在网上搜索“复利计算器”，计算一下 30 年后的你可以达到多少身家？

第 4 章

理财是一个系统工程

那夜，也许是暴富的希望升起又破灭，也许是觉得未来多了很多可能，素素和阿逊喝了很多酒。我不放心，一直陪着他们。素素把前夫、小三和遇到的渣男们轮番臭骂了一遍，阿逊则诉说着曾经的迷茫、职场上的不得志。到后来，两人抱着头，痛哭流涕。

最后，他们互相搀扶着离开，走到马路边拦计程车。一阵吆五喝六后，素素突然对着路边一棵粗壮的柳树站定，指着树干大声喊：“姑奶奶要让你看看，我一定活得好好的。比以前更好！”我明白，虽然时隔两年，但这伤痛恐怕好些年都无法真正过去。

阿逊也在旁边大声喊：“放心，妹子！我阿逊今天交了你这个朋友，我们一起努力，别让人小瞧了。我阿逊，不是孬种！”

第二天中午，我就离开杭州了。临行前，给素素打电话，她宿醉未醒。于是，微信留了言，让她有什么投资方面的问题尽管问我。另外，委婉提醒她，向我们这种快要“油腻腻”的中年妇女，一定要防火、防盗、防“鲜肉”，还是得多靠自己，现实一点好。想着要不要再给阿逊打一个电话，不过，之前没留联系方式，也就作罢。

4.1　开一堂微信课

一个月后，想起素素，又问她的境况。她说找了一份行业协会办公室的工作，负责联络会员，搞搞联谊，热闹但不忙碌，做得挺开心。尽管每个月只有 5 千元，但至少有了进项，加上前夫给的每月 6 千元的赡养费，控制一些消费，每个月勉强也能收支平衡。只是要想再进一步，就不知道该从何下手了。

又问起阿逊如何了。微信那头显示“对方正在输入”了良久，才冒出两个字：“还好”。似乎不愿多说，我就没有再问。

晚上，阿逊居然发来了微信加好友的邀请。于是，我们也联系上了。我只发了一句“Hi”，就捅开了他的话篓子，大段大段的文字蹦了出来：

“我最近看了很多理财方面的书，比如《滚雪球》《富爸爸穷爸爸》《小狗钱钱》……大概的理念我了解了一些，知道要存钱，存了钱去买资产，让钱生钱，享受复利带来的效果。但是还是不知道该怎么去做。”

“我也了解了一下市面上的那些理财产品，比如余额宝、P2P、股票、债券、基金、房地产……太多了，我到底要选择哪个？”

“我本金太少了，每个月才存 3 000 元，什么时候才能做千万富翁啊？”

……

我回复：“其实，你提到的都是大家经常会遇到的问题——觉得自己无财可理、无从下手、不知道如何投资、羊群心理、没有主见，等等。事实上，**之所以理财知识了解容易操作难，最重要的症结是，大家总想着学习，想从外部找到一个标准答案，却很少仔细地分析自己的收支情况、优劣势和拥有的资源。**不信，你试试？”

我：“你现在每个月用多少钱？”

阿逊："8 000元？"

我："这个数字怎么来的？"

阿逊："我工资七扣八扣，剩下 11 000 元，能存 3 000 元，那么就是花了 8 000 元呗。"

我："什么项目花费最多？"

阿逊："房租吧？"

我："除了房租呢？"

阿逊："吃饭？娱乐？交通？我也不清楚。"

我："**看吧，你连自己怎么花的钱都不清楚，又如何能够最有效率地运用金钱呢？**"

阿逊："那要怎样？记账吗？"

我："不光是记账，消费只是你理财现状的一部分。理财是一个系统工程。"

阿逊："等等，素素也很困惑，要不我组个群，让她一起听听？"

看来他还算体贴，能想着素素。我心里默默给他加了一分。

等素素也进了群，我就开讲了。

4.2 状况剖析七大问题

"美国理财大师劳拉·兰格梅尔提出了状况剖析八大问题法。第八个问题是'你愿意建立并执行财富圈过程吗？'我感觉有点成功学喊口号的意思，且前面七个问题已经非常全面，因此，我一直用这七个问题来给别人做财务状况诊断（见图 4-1）。你们俩可以试着先整理出答案，之后我们再来讨论。"我打字道。接着，我又向他们俩介绍了理财的十大模块及合适的时间做合适的事。

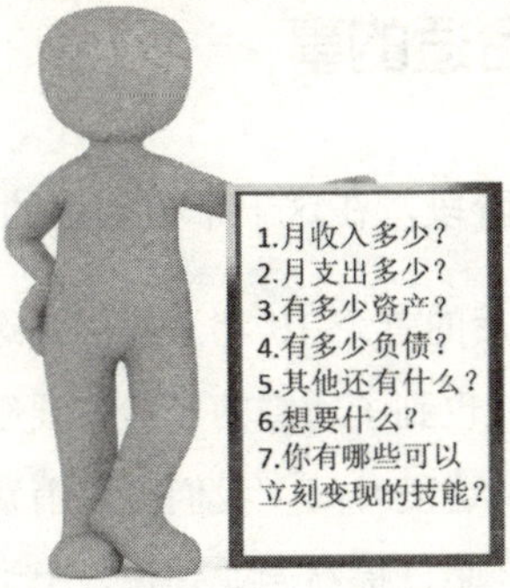

图 4-1　状况剖析七大问题

4.3　理财的十大模块

世界上不存在一模一样的人，好的理财计划应该根据自身情况量身定做，这样可行性才高，才容易实现。

状况剖析仅仅是理财的第一步，它让你清晰地了解到自己目前处于什么位置，有什么资源可以利用，目标是什么。

了解了自己的现状后，才能进行下一步：通过拟定量化的目标，控制消费，消除债务，发掘沉睡资产，找到变现的核心技能，持续购入资产。等资产达到一定程度后，进行资产合理配置，分散风险，并学会利用实体合理避税，以及最后找到更优的代际传承方法。

这就是**理财的十大模块：状况剖析、目标设定、消费控制、债务管理、沉睡资产、变现技能、资产购入、风险分散、实体节税、代际传承**（见图 4-2）。

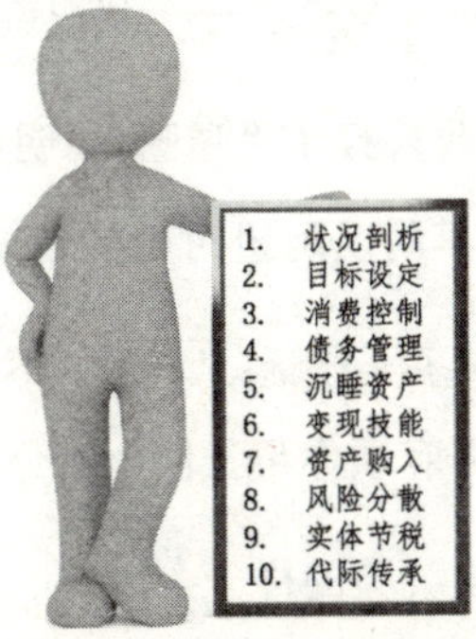

图 4-2　理财的十大模块

4.4 合适的时间做合适的事

不同人处于人生的不同阶段，在这十个模块上的侧重点也有所不同。

22～32 岁，即大学毕业后的首个 10 年。我们由选择工作、努力工作或学习进修，到升职、跳槽，同时我们也到了适婚的年龄，要组建家庭、买房买车、结婚生子，是忙碌而充实的 10 年。这段时间，我们应以**消费控制**和**发展变现技能**为主，储蓄资本，累积人脉和工作经验，提高专业知识，努力升职加薪，增加主动收入，尽快存下第一桶金，尝试购入资产。这是最重要也是打基础的 10 年。

如果第一个 10 年能够妥善规划，到了第二个 10 年——32～42 岁，就能有更多的选择。这时候，应做好**债务管理**、挖掘**沉睡资产**、利用现有的**变现技能**选择创业或发展副业、持续**购入资产**等，利用自己的优势，找到适合自己发展的蓝海。

到 42～52 岁这第三个 10 年，就应该提前部署退休后的生活了。在持续**购入资产**、不断增加被动收入的同时，要注意**分散风险**，也可以通过创建**实体架构**来合法节税。不用再依靠体力和脑力大量输出来赚钱，而应以被动收入为主要收入来源，能随时开启“退而不休”的生活。

52 岁以后，在享受生活的同时，注重通过合理的资产配置来**分散风险**、**合法节税**，以及开始考虑**财产的传承**。

理财规划不是一次性的工作，而应贯穿人的一生，跟随生活状态的转变不断进行调整，在合适的时间做合适的事。

除人生阶段不同，各模块侧重点有所不同外，**不同家庭的资源和弱点也不同，应制定差异化的策略**。因此，第一个模块——状况剖析尤为重要。

今天的素素有些沉默，多数只打了“嗯嗯”“明白”这类简短的回复。也许是在屏幕后的缘故，也许与我今早问及阿逊时她的迟疑有关。

在我长篇大论后，阿逊发来了一段话：“好的。不就是七个问题吗？怎么可能难得倒我们？等回去整理好了，再麻烦你帮我们分析分析。”

我能想象到屏幕后他那嬉皮笑脸的样子。

本章知识点

- 状况剖析七大问题。
- 理财的十大模块。
- 合适的时间做合适的事。

本章练习

思考自己身处的人生阶段应该侧重于哪些模块。

第 2 篇

基础篇

分析财务状况，养成良好的理financial习惯

第 5 章

别只闷头赶路，要停下来思考

理财，讲的都是日常生活中的常识和道理。正因为是常识，我们才常常熟视无睹，任由习惯使然，受其影响而不自知。

每当有人来问我理财建议时，我都要求他们先系统地梳理自身的财务状况。因为每个人、每个家庭的情况都不一样，所以没有放之四海而皆准的理财方案。可是，很多人对此却不以为意，总想跳过这一步，直接要答案。他们会先随便敷衍我几句："我有×套房，买了××元的股票和基金"，接下来就直奔主题："你说，美股行情还不错，我是不是该换点美元去炒美股？"

素素和阿逊也是如此。第二天，他们俩齐齐交了答卷给我。我差点一口老血喷在了手机上。

5.1 阿逊的答卷

问题 1：月收入多少？——实收 11 000 元。

问题 2：月支出多少？——估计 8 000 元。

问题 3：有多少资产？——一穷二白。

问题 4：有多少负债？——每月信用卡到期全额还清。

问题 5：其他还有什么？——要钱没有，要命一条。

问题 6：想要什么？——买房、买车，当上总经理，迎娶白富美，到达人生巅峰。

问题 7：你有哪些可以立刻变现的技能？——“程序猿”一枚。

5.2 素素的答卷

问题 1：月收入多少？——工资实收 5 200 元，赡养费 6 000 元。

问题 2：月支出多少？——以前大手大脚，现在努力控制在 10 000 元以内。

问题 3：有多少资产？——一套 120 平方米的三室一厅的房子，一辆别克车。

问题 4：有多少负债？——每月信用卡到期全额还清，没有其他负债。有人欠我 50 万元。

问题 5：其他还有什么？——有一个嗷嗷待哺的女儿。

问题 6：想要什么？——有钱花，随便花。

问题 7：你有哪些可以立刻变现的技能？——把自己和女儿打扮得貌美如花。

看着这两张答卷，我有些哭笑不得。这是我给人做理财规划以来，收到的最有个性也最惫懒的答卷。他们肯定事先商量过，格式完全一样。我感觉他们是在借理财的话题在调情，不见得是真心谈事儿，而是在耍弄幽默和摆酷。一气之下，我打算不理他们了。但转念一想，素素的感情生活如此坎坷。算了！也许这是真爱呢？我还是帮忙多掌掌眼吧！于是深吸几口气，耐下心来，重新跟他们讲解：“你们别以为这七个问题很简单，其中存在很多窍门呢。”

5.3　七个问题的窍门

5.3.1　收入与支出

“在这七个问题中，收入与支出问题比较简单，因为你们的收入来源还比较少。等有一天，你们有了多种资产时，就需要**分析不同收入之间的投入产出比**。因为每个人的时间、精力都是有限的，我们要想更有效地利用资金，就需要做出取舍。而取舍的前提就是清晰地掌握投入产出比。

“支出的规律和种类也值得仔细分析和总结。如果分析得好，还能发现一些既能减少费用，又可以完全不降低生活质量的节约开支方法。”

5.3.2　资产与负债

我继续解释道：“对于资产和负债的问题，资产又分好资产和不良资产。能带来持续收入的就是好资产，如素素的三室一厅，如果你搬去跟爸妈住，这个房子用来出租，就会带来稳定的租金收入，这房子就是你的好资产。如果你和孩子两个人住，不仅没有收入，每个月还要付水、电、煤气管理费，就是不良资产。车也是要付出费用的，所以也是不良资产。

“同样，负债也有好坏之分，比如信用卡在免息期内是好负债，过了免息期就很糟糕。房屋贷款利息低，还款时间很长，可以抵消部分通胀，是好贷款；车贷属于消费贷款，利率较高，是不良贷款。”

5.3.3　意外的发现

“‘其他还有什么？’这是一个很有趣的问题。通常大家都会回答没什么，但在聊天的过程中，会有很多意外的发现。我以前做的一些案例里，有人想起来别人还欠着他钱；有人找到自家工厂里有一个仓库一直废弃着，可以再利用；还有人想到爷爷传下来很多珍贵的邮票，却因自己没兴趣，一直塞在抽屉里；最常见的发现是，因为大家跳槽或转换城市，而遗留在不同账户里的公积金和社保，以及不同银行卡里的小额存款。”

5.3.4 想要什么

“这个问题问的是你的目标，即你想往哪一个方向前进。目标越具体、越明确，你走的弯路就越少。”

5.3.5 变现技能

“任何兴趣爱好只要能带来收入，都可以留意。也许现在对你来说没什么，但说不定以后能帮你杀出另一片天地。”

我：“这七个问题，是为之后的策略制定服务的。像你们这么随随便便涂两个字，逗趣耍贫的，对理财一点帮助都没有。你们既然要跟我学理财，就要定下心来，认认真真把我要求的事情做好。”

屏幕那边沉默了一阵子，素素写了句：“对不起。”

几乎同一时间，阿逊回复：“我们重新做。”

5.4 三张表格

5.4.1 状况总结表

“先别急，我这里有一个表格，你们在回答问题时，可以试着把表格填上（见图 5-1）。”我说，“这是美国理财大师劳拉·兰格梅尔设计的。七个问题的答案在上面一目了然。以后在实施方案的过程中，可以时不时地拿出来看看，**检查一下自己是否在朝着这个目标前进，资产、负债有没有变化，当初想的变现技能是否真的起到了效果，收入是否因此增减，等等。**”

“还有两张表格更为普及，且更能帮助大家分析家庭的财务状况。”我补充道。

素素问：“哪两张？”

我：“家庭资产负债表和家庭收支表。”

阿逊：“听上去跟公司的财务报表一样。”

我：“差不多。公司制作财务报表用来检查其整体的财务表现和运营状况，家庭也可以。只不过公司因为要向股东负责，必须做得严谨、精确，而家庭则不需要那么精细，也不需要专业的会计知识。”

五年期目标	
收入	资产
支出	负债
技能	
其他	

图 5-1　状况总结表

“资产负债表就是问我们现在手头有多少资产、多少负债，收支表就是问我们收入多少、支出多少，是吗？这些信息，第一张状况总结表中都包含了呀，还需要单独再做吗？”素素问。今天的素素明显比昨天活跃，再加上那格式统一的答卷，我的八卦之心不禁熊熊燃烧，在屏幕这边幻想起各种可能性来。

“素素聪明！”阿逊发了一张大大的大拇指动图。

“就是啊。状况总结表还列出了‘目标’‘技能’和‘其他’，感觉更加全面。”阿逊附和道。

我：“是的。这也是我优先介绍状况总结表的原因。不过，资产负债表和收支表在单项上分得更细，更容易看出存在的问题。状况总结表适合做最后的总结，用来指导未来实践的方向。”

素素问：“资产负债表和收支表如何能够看出问题？”

5.4.2　家庭资产负债表

我：“资产负债表，讲的是**家庭或个人在制表格那一刻的资产、负债和净资产情况**。因此，在表格的上方记得写上日期，有利于下次对比。

“表格的原理很简单，**资产=负债+净资产**，等式左右数值必须相等。表格制作起来也很简单，建议用 Excel，可以自动进行数字运算，也可以按自己的需要制作饼图。每一年度新建一个工作表，所有年度的工作表放在一个文档中，清楚明了，便于长期追踪。”

“Excel 怎么做？”素素读书那个年代，电脑还只是偶尔用一下。

“放心，哥哥教你。”阿逊继续油嘴滑舌。

1．资产

我：“**资产分为流动资产、金融资产和固定资产**。**流动资产**是指能随用随取的钱，用于随时支付不确定的开支，如现金、活期存款、余额宝、货币基金等。另外，定期存款也可以算作流动资产，因为急用时定期存款也可以立马套现，不过是少了一些利息罢了。**金融资产**，顾名思义，就是你用来投资的钱，如买股票、基金、债券、P2P 等。别忘了你买的保险。保险也是金融资产。如果今天立刻退保，你能拿回多少钱，这就是保单的现金价值。”

素素：“保单的现金价值怎么计算？”

我：“保单合同上有一个列表，列出了不同年份的现金价值。更简单的方法是，打电话问你的保险经纪人。”

素素：“谁还记得他是谁？”

阿逊发了一张乌鸦飞过的动图：“素素，我服了你。”

我：“**固定资产**，就是你的房子、车子、珠宝、黄金等很难立马变现或立即出手会出现大量折价的资产。建议把投资用固定资产和自住用固定资产分开，有利于区分收益。”

阿逊：“我什么都没有啊，呜呜呜。”

素素：“我有房子、车子、珠宝、黄金，哈哈哈。”

我：“看见我写的了吗？分清投资用还是自用。素素，你的都是自用的，全部都是不良资产，有什么好得意的？**把自用的资产单独列出，方便大家反省是否过着超过自身负担能力的生活水平。**”

阿逊："艾玛姐，我对你的敬仰犹如黄河之水滔滔不绝。"

素素发了一张已哭瞎的动图。

我继续说道："素素，你和你女儿两个人住 120 平方米的房子，单独开一辆车，生活却捉襟见肘。你就是那种过着远超过自身负担能力的生活水平的人。况且，女儿你一个人也照顾不过来，还要麻烦你爸妈。两边跑，不麻烦吗？索性搬去跟你爸妈住好了。房子出租，立马每月多收几千元。车子也是。你爸妈一人一辆车，你再开一辆，多浪费！住一起，3 个大人 2 辆车足够用了。卖了别克又能多 10 万元投资。"

素素："是哦。之前口袋里还有钱，就没想这么多。一直这么住着，习惯了。"

阿逊："地主家有余粮。"

素素："你才是地主呢！"

阿逊："对！我是地主。你是地主婆！"

素素："你又占我便宜！"

我也想发一张已哭瞎的动图了。我的理财课还怎么讲下去？

"调情的亲，你们进错群了！"姐姐我怒了！

屏幕安静了一会儿。还是阿逊脸皮厚些："老师，您继续！"

我接着说："有时候，习惯是最大的敌人。**大家习惯闷头赶路，很少会停下来思考，反省总结一下，看自己走的路对不对，有没有更好的选择**。很多时候，因为习以为常，就一路错下去。这三张表就能帮助你更好地审视现状。"

素素："我回去就收拾搬家。"

我："每次制表的时候，都**应把资产按当日的市场估值重新计算一遍**。很多人计算房子的出租回报率，都会用现有租金除以当年购房价格。这种计算方法是错误的。这几年，无论房价还是租金都涨了很多，但租金的涨幅远远比不过房价的涨幅。如果以当年买房的价格来算出租回报率，得出的结果就会很高，从而影响你的投资决策。"

阿逊："为什么会影响投资决策？"

我："假设当年你买房花了 200 万元，现在房价为 500 万元，月租金为 7 000 元。如果以购买价来计算，出租回报率高达 4.2%，即 7 000×12÷2 000 000=4.2%。如果以如今的市场价来计算，出租回报率仅为 1.68%，即 7 000×12÷5 000 000=1.68%。当你有 500 万元在手，打算做投资的时候，你以为房产的出租回报率有 4.2%，因而继续投资房产，事实上，只能产出 1.68%的年收益。"

我："如果只记得房子值 200 万元，而不知道现在已经涨到 500 万元，就很难抓住好时机卖楼止赚。在缺少资金的时候，也不会想到你可以通过贷款套现 300 多万元。"

我："相反，如果楼市跌了，房子从 200 万元跌到 150 万元。如果急需用钱，银行也只会以 150 万元去评估贷款额度。"

素素："怎么查询资产现在的市场价值呢？"

阿逊："现在网上什么都有。你那房子，就在房网上查查，同一个小区同一个户型现在卖多少钱就行了。只要一分钟就能搞定。车也是，在二手车网上查查，或者打电话去车行问问价，什么型号、几几年的车、跑了多少公里，他们立刻就能给你报一个价。"

2．负债

我："没错。接下来，我们讲负债。负债就是你欠的钱，如欠银行的钱、欠私人的钱等。**负债按利息率由高至低排序。如果有余钱可以提前偿还债务，则从最高利率的债务还起**。另外，也可以对比投资回报率和债务利率，从而更好地决定一笔钱是应该拿来投资，还是还债。"

我："**净资产就是资产减去负债**。比如，隔壁老王买了一辆 300 万元的玛莎拉蒂，但他只付了 90 万元的首期，其他都是贷款。这时资产要算 300 万元，负债 210 万元，净资产是 90 万元。"

阿逊："隔壁老王这么有钱，还向我借 10 万元（详情见第 3 章）？"

素素："也许正是向你借了 10 万元，他才能付那 90 万元。"

阿逊："那我也要去借他的车来开开，我不用他还那 12 万元了，申请债转股，我占 11%的股权呢！"

我已经无语了。“好了！今天就到这里吧。你们到别的地方去插科打诨吧。下面给你们发一张样图（见图 5-2），你们照着画吧。其中收益率是给你未来做决策用的。明天再讲第三张表格。”

阿逊：“老师，老师，不要走！”

素素：“都怪你！老是不好好说话！”

阿逊：“老师明白我的。她离开，不就是为了留我们两个人说悄悄话吗？”

素素：“这是群聊框，怎么悄悄？”

一夜无话。应该是私聊去了。

家庭资产负债表　　日期

资产						负债			
种类			现值	收益率	备注	种类	余额	利率	年期
流动资产		现金				信用卡逾期贷款			
		活期存款				消费贷款			
		货币基金				汽车贷款			
		定期存款				商业房贷			
金融资产		股票				公积金房贷			
		基金							
		债券							
		保单现金价值							
固定资产	投资	黄金							
		房产（投资）							
		字画等收藏品							
	自用	房产（自用）							
		汽车（自用）							
		珠宝（自用）							
资产总计						负债总计			
净资产总计（资产－负债）									

1 记录制表时间

2 资产按流动性排序

3 保单也是资产

4 资产按制表当日市值重新估算

5 负债利率由高至低排序

图 5-2　家庭资产负债表

5.4.3　家庭收支表

第二天，素素要参加女儿的家长会，整日不得闲。阿逊便说，先教他，他再负责教会素素。想着在群里发，素素有时间再看也是一样，于是我就照原计划开讲：

“家庭收支表，可以分为月度收支表和年度收支表。如果奖金、分红等年度费用比重较高，则建议用年度收支表。如果影响不大，也可以用月度收支表，把年度费用平均到每个月。因为年度收支表和月度收支表制表方法类似，所以下面只以年度收支表为例进行讲解。

“与资产负债表不同，资产负债表展示的是制表那一刻的状况，**而家庭收支表展示的则是一段时间内的收入、支出和盈余**，比如某个月或某年。因此，制表时也需要标注时间区间。”

1. 收入

我继续讲道：“收支表的原理也很简单，就是**收入-支出=盈余**。**收入可以分为主动收入、被动收入、投资收入和其他收入**。主动收入包括工资、奖金、兼职收入等；被动收入之前已经讲过，是指不用投入太多时间和精力，就可以持续带来的收入，包括房租、股息、债息、理财分红等；投资收入，主要指股票、基金买卖获得的收益，因为不像被动收入那么稳定，随市场波动较大，所以建议单独列出，这样不会影响我们估算稳定的盈余；其他收入指彩票中奖、红包、捡到钱等意外收入。工资，建议记录扣除公积金、社保，税后实收的金额，因为公积金、社保在短期内无法提取，对年度盈余没有影响。”

阿逊问：“有人上班时专门抢微信红包，算哪一种？”

“哈哈哈。”说实话，阿逊的确幽默风趣，难怪素素这么快就上钩了，“专门抢红包要投入很多时间和精力，而且只要他努力抢，还是有很大机会会抢到的，所以应该算是兼职收入，属于主动收入。

“正如前面所说，我们的目标是实现财务自由，让稳定持续的被动收入越来越多，直到每月被动收入能完全盖过我们的日常支出，让草帽曲线变成鸭舌帽曲线。随着收入来源越来越多元化，为了使资金和时间、精力更高效，也需要分析每项收入的投入产出比和收益率。”

阿逊叹气：“什么时候才能有这一天啊？”

2. 支出

接下来我开始讲支出：“支出方面就比较烦琐，需要依靠较长时间的记账。没记账的话，虽然每月固定的支出容易回忆，但**一年缴一次的税费、车子和房子的保险费、年度保费等容易被遗漏**，这些都是大开销。还有一些零零碎碎的小费用，也常常会被忘记，积少成多，最后算算能吓你一跳。

“支出可以分成几大类，如房租/房贷、其他贷款、日常生活费、养车费、医疗费、子女教育费、给父母的家用、娱乐费用、意外损失、转去投资账户的钱等。具体类别根据自身情况随意调整。要留意，**转去投资账户的钱也应该列作支出**。”

阿逊：“为什么？钱是拿去投资了，又不是花了。”

我解释道：“**收支表计算盈余，是你口袋里剩下的、马上可以拿去花费或投资的钱**。转去投资账户的那一笔钱已经被投资了，在套现前，不能再使用。如果少计算了这笔支出，你就会误以为你账上一直都有这么多余钱，等到要做决策的时候，就会存在很大的误差。”

阿逊反驳：“反过来，如果我忘了那笔钱是用来投资的，以为花出去了，怎么办？”

我：“别担心，这笔投资项目会在资产负债表的资产项目中体现。**我们制作财务报表，不是纯粹为了看自己身家多少、每年赚多少钱、能存多少钱。制表的目的，是为了让之后的理财决策更合理**。年度收入减去年度支出，就是这一年的盈余。我们还单列了稳定的年收入和稳定的年支出，**计算出的稳定的年度盈余，可以看成可重复产生的年度余额。有了这些数据后，就能估算贷款多久可以还清、有多少钱可以用来做投资、到了退休年龄可以存下多少退休金，等等**。下面是家庭年度收支表（见图 5-3）。”

家庭年度收支表　　年份：

每年收入				每年支出		
种类		金额	占比	种类	金额	占比
主动收入	工资收入			房租/房贷		
	工资奖金			其他贷款		
	兼职收入			日常生活费		
	兼职奖金			养车费用		
被动收入	房租			医疗费用		
	理财分红			子女教育费		
	定息收入			给父母家用		
稳定年收入总计：				稳定年支出总计：		
稳定年盈余总计（稳定年收入 – 稳定年支出）：						
投资收入	股票损益			转去投资账户		
	基金损益			意外损失		
其他收入	中奖					
	红包					
所有年收入总计：				所有年支出总计：		
年盈余总计（年收入 – 年支出）：						

① 记录制表时间区间

② 单列被动收入，有利于引导追求财务自由的方向

③ 稳定的年盈余，可以看成可重复产生的年度余额

④ 支出类别可自行调整

⑤ 转出去投资的钱也应当视为支出，因为钱已不能挪作他用

图 5-3　家庭年度收支表

“我现在还是对支出的细节没啥概念，又不想每笔记账，太麻烦了，浪费时间。”阿逊抱怨道，“记账除了知道大概的收入、支出流水，还有什么用呢？我妈还记账呢，也没见她能理什么财。”

我：“伯母那时候投资渠道和机会没有现在这么多，因此也只能通过记账做好量入为出。也许正是因为她有记账的习惯，控制好了家庭开支，才能支撑你读完大学。”

“但记账真的好烦啊。产出跟投入相比，太低了。有这个功夫，我可以做很多大事了。”我能感受到阿逊对记账的不以为然和不情不愿，这是很多男孩子的通病。多数男孩子不拘小节，以为记账这样的琐事应该是女孩子做的。于是，我打算帮他好好洗洗脑。

5.5 记账的作用

理财的基础是“了解自身的财务状况”，包括过去、现在和未来的财务目标。在此基础上，针对性地设计资产配置方案。很多人理财效果不佳，不在于自己没有钱，而在于不知道自己有多少钱。只有你自己才最了解你和你家庭的情况，他人无法从简单的几句话中给出详细的建议，最多只能指出大致的方向。**你也只有在长期记账后，才能清楚地掌握自己的财务状况。**

即便如阿逊母亲这样，无法做更深入的投资或复杂的资产配置，**记账也能帮助你了解消费的状况，从而有意识地控制支出，加强储蓄，并协助做好分析预测和未来财务计划，提高资金的使用效率。**

5.5.1 了解收支概况，做简单规划

大多数“月光族”的根源就在于缺乏规划。有些人拿到薪水之初特别大方，到了月末却捉襟见肘，吃杯面度日；有些人尽管从来不买奢侈品，但热衷于团购、促销，本来是贪便宜，但却买了很多不需要的东西。

当记账半年以上时，就可以大致了解自己的平均收支情况，知道钱到底去了哪里。据此，你就可以**学着做简单的收支规划，一边记账一边调整，让各时间段的花费更均衡。**

比如，了解了自己的支出模式后，月初就会多少有些克制，留一些给月末。

我们常常会低估积少成多的幅度。最常见的是，拿到月末信用卡账单时，总会讶异每笔花费都只是小数目，为何最后总额居然有这么多。

有大学生网友分享：自己从来不记账，没钱了就向家里要。有一天，妈妈拿出记账本给她看，她才知道原来家里供她读书花了那么多钱。

当你记账后，每每感叹每月高昂的消费总额，就会在下次消费时，多一分迟疑。

5.5.2　分析支出，优化消费习惯

为了更好地分辨支出中的需要和想要，可以把支出**分为较难改变的、必需的固定支出**（如房屋贷款或房租、水电煤气费、电话费、管理费、通勤交通费、儿女学费、保险费等）和**容易改变的、想要为主的浮动支出**（如人情往来、服装配饰、餐费、旅行支出、娱乐支出等）。

定期分析和反省浮动支出项，适当控制和减少想要的开支，尤其**注意那些"稳定的""持续性"开支，思考如何降低消费频率或金额，就能进一步优化消费习惯，**从而更好地控制支出。

记账最好要持续一年，因为一年才是最完整的周期，如各种节庆、家人好友生日等各种花钱的场景都经历了一遍，对未来一年的预算就更有指导意义。做到心中有数后，才能预留一部分钱给花费较多的月份，从而进行相互调剂。

5.5.3　制订预算，提高资金使用效率

在习惯记账后，可以试着对各个项目、不同时间段制订预算，预留未来活动的经费。

比如，计划圣诞节期间来一次长途旅行，那么你就可以在上半年存够相应金额的资金，而不会到年尾按最后剩下多少资金，再计划去哪里旅行。

通过预算，将有限的收入在各个项目和各个活动中合理均衡调配，将大大提高资金的使用效率。

每月监察预算执行情况，把消费控制在总预算内，这样你很快就能存下第一桶金，为投资打下坚实的基础。

5.5.4 预测现金流，帮助做出投资决策

记账，给预测未来现金流状况提供了原始数据和信息，**让你清楚地预测到未来有多少钱可以用来投资**，方便做出投资决策。多少钱是未来要用，但短期不用的，可以投资流动性较好的短期产品；多少钱是可以用来做长期投资的，可以投资基金、股票等。

稳定的正向现金流，给了你投资的勇气，在股市低迷或遇到风险事件时，将是你的定海神针，让你不会慌乱。

当收入多元化后，记录收入也可以帮助你**分析不同工作、投资的投入产出比**，从而给未来的发展方向提供数据参考。

“好吧！好吧！我今天就开始记账，至少记上一年，看看效果是不是真像你讲的那样。”阿逊有些无可奈何。

“孺子可教也。”终于把这个懒虫病患者说动了。

“如果记了一年，还是看不到规律怎么办呢？”懒虫病患者还想挣扎一下。

“账目已经有一定数量了，但如果还是看不到记账有什么实质性的作用，那么可能有两个原因：其一，**数据还不够多**。尤其是刚毕业头五年，工作调动、成家立业等原因会造成生活波动，刚性支出数据时刻在变化，这需要更多的数据积累。其二，**缺少复盘和分析的能力**。记录账目环节，提供的是原始数据和信息，价值较低，是记账的初级阶段。要想真正挖掘记账的价值，需要对原始数据进行整理、分析、预测和对未来的财务行为进行决策。如果缺乏这方面的能力，那么平常要多思考、多与他人讨论。假以时日，总会慢慢提高。

“总之，**记账是对个人财务行为观察与优化的好习惯，是一种认真的、有计划的人生态度。**”

阿逊发了一张 OK 的动图。

师傅我就只能领他到这里了，以后修行就靠他自己了。

素素不知道什么时候回来了，发了一条信息："怎么记账？还是用 Excel 吗？"

"哟！你回来啦？"可以想象，屏幕后因为要记账而生无可恋、瘫软着的阿逊，腾的一声暴跳起来，一脸打了鸡血的雀跃画面。

我："托智能手机的福，现在有很多非常好用的 App，不仅可以直接导入信用卡或支付宝的数据，还支持家庭成员多个客户端同时登录，在同一账户下一起记账。刚开始记账时，不必奢求完美，不用每笔都要记下，笔笔都要准确，大致不错即可。"

"你什么时候回来的？听了多久了啊？怎么才出声？我一个人听课都快无聊死了。"阿逊完全不照顾我的感受。我都满脸黑线了。这是说我讲得太闷了吗？我要罢课！

素素："刚回来，看到艾玛讲这么重要的知识点，没敢打断。我也今天开始练习记账，都不知道之前的钱去了哪里。"

阿逊："好好好！咱们一起！"

荷尔蒙的魔力真是大啊！我苦口婆心说了半天，不如素素的一句话。话说，我长得也不差啊！怎么待遇差这么多呢？

5.6 如何分析家庭财务报表

阿逊立马变身好学好问宝宝："既然记账能看出这么多，咱们填了那三张表能看出些啥？素素，那张家庭收支表，我回头跟你详细讲！"

素素发了一张美女献吻的道谢动图。

我受不了了，我要把课程拉回严肃的正途，于是我砸了几个公式出来。

5.6.1 资产流动性比率

资产流动性比率=流动资产/月支出

这个数据反映的是，当你紧急需要用钱的时候，能迅速变现又不会带来损失的资产量。**参考值是 3**。也就是说，**每个家庭至少应该预留 3 倍开支的金额作为日常备用金，投资于能迅速套现的活期、余额宝或货币基金等投资品种**，尽管收益率不高，但流动性很强。

如果数值低于 3，就需要控制支出或增加备用金。

如果数值远高于 3，则意味着放在低收益、高流动性产品上的资金过多，可以释放一部分去投资较长期、收益较高的产品。

5.6.2 负债收入比

负债收入比=月负债支出/月收入

负债收入比主要评估家庭能否承担当前的负债水平。参考值是 40%。如果数值低于 40%，则说明家庭目前能够应付债务；如果数值低于 20%，则可以适当增加低利率的贷款，如给房子加按，以抵消通胀，并投资稳定且收益高于贷款利率的债券或理财产品；如果数值超过 40%，则意味着负债过高，已超过家庭的承受能力，要进一步控制消费，增加收入，尽快提前清掉一部分债务。

5.6.3 投资合理比

投资合理比=投资资产/净资产

投资合理比主要评估家庭通过投资让资产保值、增值的能力。年轻人的参考值为 20%，家庭的参考值为 50%。投资资产包括金融资产和投资类固定资产的总和。如果远超过参考值，则应适当减少投资，降低风险；如果远低于参考值，则要思考如何盘活一部分资金用于投资，以提高净资产规模。

素素："我已经晕了。"

阿逊："哥哥教你。"

我已经懒得理他们了。

本章知识点

- 七个问题的窍门。
- 三张家庭财务报表的制作方法。
- 记账对理财的重要性，以及记账时要注意的事项。
- 如何分析家庭财务报表。

本章练习

- 根据自身情况，回答七个问题，填写三张财务报表。
- 试着分析自己的财务状况。

第 6 章

一人理财已经不易，婚后两人该怎么办

与素素和阿逊讲完三张表格后，隔了好些天，两位都没有在微信上冒泡，也没有提交新的答卷给我。我这边却遇到了另一件事。

表弟阿斐和女友灵素去中国台湾拍婚纱照。他们高高兴兴地去了，却黑着脸回来了，互不理睬。姨妈诉苦：下个月就要办婚礼了，怎么办才好呢？原来小两口是对婚后由谁管账、婚礼时礼金如何分配等财务问题意见不一。说不拢，就吵崩了。姨妈给我打电话，让我跟他们好好聊聊。

像阿斐这样，20 多岁的年纪，正是生活剧烈变动的时期，充满了无限的可能性。只要好好计划，就会有非常美好的未来。

等到跨入了 30 岁的门槛，“建立新家庭”就成为年轻人迫在眉睫的任务。建立一个家庭，可不是两个人住在一起这么简单。不说两个原生家庭价值观和生活习惯的磨合，单单是搞定柴米油盐酱醋茶就不容易。

现在的年轻人，通常夫妻双方都在上班赚钱。成家以后，就是新的伙伴关系。老公的工资要不要交给老婆？两人要不要开一个联名账户一起存钱？老公爱买武器装备，老婆爱买包包、口红，谁花钱更多都会引起争吵。

我有两个同学，都是上海人，后来成了家。遵循上海人的传统，太太把老公每个月的薪水都收缴了。老公经常在我们同学圈中抱怨，太太也一直坚持紧握财权。夫妻俩经常因此吵得面红耳赤，感情越来越淡，去年终于分道扬镳了。

另外我也有一个同事，他们一结婚就开了一个联名账户，两人扣除自身必要的开支（如交通费、餐饮费、通信费等固定个人开支）后，把钱全部存在这个联名账户里。但先生爱搜集电动玩偶，动辄上千元，太太很不能理解。先生也觉得太太花在化妆品和衣服上的金额太高。彼此都想劝服对方不要“乱花钱”，经常为此争吵。

单身时，一个人理财已是不易，如今两个人了，以后还会有小宝宝，还要赡养双方父母。如果两个人不统一行动，两驾马车各自前进，不仅不能发挥 1+1>2 的效果，还容易成为爱情破裂的导火线。

6.1　下月结婚，却因钱吵翻天

这天，我约阿斐吃饭。聊起女友灵素，阿斐依旧义愤填膺：“以前觉得她知书达理，现在要结婚了，她说房产证上要加上她的名字，以后工资要归她管。还说以后生了小孩，担心孩子被菲佣虐待，要在家里带孩子，就不工作了。那不是就只有我一个人养家了吗？我本来一人吃饱，全家不愁，以后不仅要养她，还要养孩子，养两边父母。我可养不起。结婚还有啥意思？”

我：“其实，只要计划得好，结婚应该是一件更经济、实惠的事。”

阿斐一脸你别安慰我的表情：“怎么会？”

我解释道：“你看，结婚后两个人一起生活，原来大家各租各的房子，现在只要一间房子就行；原本家具需要两套，现在只要一套稍微大一点的即可；原本一个人煮饭太麻烦，经常外出吃饭，现在两个人，肯定留在家吃饭的概率更大。是不是 1+1＜2？比单身时分开过日子要节省很多？因此，**结婚后生活成本变低了。**”

“有些道理。”阿斐点头。

我："你也知道，专注做一件事比分心同时做两件事更容易把事情做好。这也是工厂流水线的基本原理。对吧？"

阿斐又点点头。

我："成家以后，无论男主外女主内，还是女主外男主内，一定比一个人既要主外又要主内，同时兼顾两头做得更好、效率更高。是吧？"

阿斐："嗯。"

我："尤其是专业能力不同，收入和兴趣有差异的男女搭配，根据彼此的长处优化组合，有钱出钱，有力出力，分工合作，更容易优势互补，使双方的收益最大化。所以说，**结婚后夫妻俩优势互补，分工合作，更能提升收益。**"

"那倒是。"阿斐赞同道。

我："万一一个人生病了，不能工作，另一个人既能照顾病人，也能继续外出工作赚钱。一个人失业了，家里还有另一个人顶着，就给了失业起复时间，不会一下子陷入绝境。因此，**结婚了，等于互相给对方上了一道保险，彼此利益均沾，患难与共。**"

阿斐点点头，思索片刻，又摇摇头："理论上好像是这样。但在现实中，我怎么没这种感觉？我只看到，以后我那点儿工资要养一大家子人，想想都愁。"

我给他递了一杯温水："其实吧，很多时候我们把困难想得太大了。**我们常常把近的、远的困难一起拉到眼前，于是我们就会很焦虑。**比如，香港人常说，养一个孩子要花费 400 万港币。但有多少人家里有 400 万港币呢？难道那些家庭都不生孩子了？一来，日子都是人过的，量入为出，根据自己的情况安排孩子的教育，这 400 万港币的数目就可多可少。二来，又不是孩子一出生就要拿 400 万港币出来。和你玩游戏一样，费用总会一小关一小关地到来，你一边成长一边支付，就不会那么吃力了。这些困难不会在同一时间一拥而上，只要你们好好计划，总能把日子过好。"

阿斐想了半晌，点头道："的确是这样。那要怎么好好计划呢？"

我说："你们以后要两个人一起生活，所以这计划也应该两个人一起商量，这样拟定的计划才比较可行。我建议，下次把你女朋友灵素一起约出来，咱们三个人一起聊聊。**只有从一开始就沟通好要坚守的原则，遇到问题和冲突时互相体谅，才能**

在关键时刻共渡难关。别随便说不结婚的气话。方法总比困难多。”

阿斐再次点点头：“好的。”

6.2　状况剖析

6.2.1　七个问题

第二次，阿斐和灵素一起出来了，看他们的样子，已经不再横眉冷对了。

阿斐像姨妈，壮壮的、高个子，头发两侧剃得短短的，发尖抹了发胶，像公鸡的鸡冠一样翘着，典型的香港潮男模样。灵素打扮得很朴实，并没有太多花式，一条浅灰色的裙子，斯文又乖巧。这是我第一次见到她。她朝我一笑，露出唇边的两粒酒窝，整个人立刻灵动可爱了起来：“听阿姨和阿斐常常提起你，一直没机会见。谢谢你的开导！不然我们就钻进死胡同了。听说，你善于理财，希望能给我们一些建议。”她的声音很清脆，显得比外表更年轻。

阿斐搂了搂灵素的肩膀，笑着说：“上次跟你谈完后，我回家又想了想，的确如此。生孩子、养孩子、照顾老人都是好几年，甚至好几十年以后的事。而且孩子长大一点，进学校读书后，灵素也能再出来工作，并没有一开始想的那么难。”

我们坐在临街的咖啡厅里，窗外是车水马龙的街道。

我指着窗外说：“你看，我们走在漫漫人生路上，家庭就好比马路上的车。夫妻俩是司机，因为路途遥远，有时会换着开车，我们的父母、儿女就是车后座的乘客。在日常生活中，我们开车前，会看一看汽车里的油还能让我们跑多远、水箱温度有没有过高、车有没有损坏。我们会根据车况来计划未来要走的路。**但对于我们人生路上的这一辆车，大家反而会忘记时不时地停下来检查，看看现在的车况如何、燃料是否足够、有没有出现问题，从而调整未来一段时间的安排。大多数时候，我们只是顺其自然，随遇而安。等到遇到问题了，才会想到要去处理。**你们这辆新车下个月就要上路了，你们对车况了解吗？”

阿斐有些不好意思地挠挠头：“说不上了解还是不了解，就那样吧。”

我：“那我们就一起来了解一下吧。”

问题1：月收入多少？

阿斐：你知道我的，在软件公司做销售。好的时候一个月能拿到2万元，差的时候只能拿到1.3万元。加上年底分红，平均每个月1.6万元。

灵素：我做行政，一个月1.2万元，年底会出双薪，所以每个月平均1.3万元。

艾玛点评：在香港，作为刚毕业没几年的职场新人，两人的收入还可以。尤其是阿斐，做软件销售，未来成长空间较大。灵素胜在一个“稳”字，工作压力也不大。

问题2：月支出多少？

阿斐：没怎么算过。每个月供楼6 000元，给爸妈3 000元，剩下有就花，没有就不花。之前一直跟爸妈住，买房后，房子出租，租金有9 000元，所以也存下了一些钱。现在要结婚，房子要拿回来自己住，好在也多了一个人一起供。这么说来，的确结婚在经济上比较好（假设每月也能存3 000元）。

灵素：他就是这样糊里糊涂的，所以我才说结婚后由我来管钱。我每个月给我爸妈2 000元，交通费、餐费等生活杂费6 000元，还有一些不定时的费用1 000元。每个月能存2 000～3 000元。

艾玛点评：在香港，儿女成年后给父母家用基本上是每家每户的习俗。一来源于香港的生活成本太高，老年人仅靠积蓄生存有压力。二来也利于培养儿女养家糊口的责任感。因此，年轻人的负担非常重。

问题3：有多少资产？

阿斐：两年前买了一套两室一厅的房子，当初买的时候是280万元，首付100万元是爸妈给的。现在房子市价360万元。之前存了十几万元，玩玩股票，没怎么赚，也没亏。不过，为了筹备下个月的婚礼全用光了。

灵素：我也是，存了15万元左右。1万元买了iBond。我参与了零存整取计划，每个月存2 000元，现在这个账户里已经存了4万元。5万元用来抽新股，抽到通常上市两三天就卖了，赚点零花钱。剩下的5万元这次筹备婚礼也都用掉了。

艾玛点评：能买到 iBond、参与抽新股和零存整取计划，可见灵素对财经信息还是挺敏感的。加上她工作比较稳定、轻松，倒是适合负责家庭财务的管理。

iBond 是香港特区政府发行的三年期通胀挂钩债券，每手面值 1 万港币，每半年派息一次。息率分浮息和定息，浮息与香港最近六个月的通胀率挂钩，定息为一厘，最终派息率以高者为准。iBond 于 2011 年 7 月起每年发行一批，每批发行量为 100 亿港币，是风险极低，且能抵御通胀的投资项目。

问题4：有多少负债？

阿斐：主要是房屋贷款，每个月还房贷 6 000 元，还剩下 165 万元要还。

灵素：我只需每个月还信用卡贷款，都是按时还的。其他没有了。

艾玛点评：没有明确的理财计划，但每个月多少有些存款，无不良负债，这是大多数年轻家庭的现状。一路顺风顺水，没有大波折，也可以过一生。但如果要过得更好，则需要花一番功夫去谋划。

问题5：其他还有什么？

阿斐：我上大学时被隔壁邻居忽悠，买了一份人寿保险，一年保费交 2 000 多元，已经交了七年，退休时才能拿回来。当时觉得挺多的，现在觉得很鸡肋。那点钱，以后都不够塞牙缝的。

灵素：我也买了人寿保险，一年保费交 5 000 多元，两年前买的，要到 60 岁才能拿回来。一年也拿不了多少，但就当存钱，好过没有。

艾玛：还有别的吗？能变现的？

阿斐：我爸妈只有我一个儿子，他们的房子已经还完房贷了，以后应该是我的。

艾玛：呵呵！这个暂时还帮不上忙。

阿斐：我喜欢改装电脑，在小圈子里还有点名气。有的时候，一些发烧友会主动来找我改装，每次能收几千元。

艾玛：嗯，有趣。平均一年有多少单？

阿斐：其实每个月都有两三个人来找我，但我工作忙，放假又有其他活动，所以大多数都推了。平均两个月做一单。

艾玛：那一年有多少？

阿斐：一年能赚三四万元吧（以每月平均 2 500 元计算）。

艾玛：这些收入你是怎么处理的？有没有单独开一个小金库？

阿斐：都放一起了，然后要花就花了。

艾玛点评：发展副业是职业生涯中很重要的一步后手，坚持做下去，也许会有意外的收获。如果经常有额外收入，可以专设一个小金库，把它作为创业基金。平时储蓄目标不变，额外存下这些收入，很快你就能存到一大笔钱。

问题6：想要什么？

阿斐：无非就是以后能有钱生孩子、养孩子、养老人，最好能买一辆车，再换一套大一点的房子。还有就是每年能出去旅游，60 岁退休无忧。

灵素：我喜欢孩子，至少想要两个。希望能再买一套房子收租。

艾玛：想要达成这些目标，你们有算过需要多少钱吗？

阿斐：所以，我觉得未来很灰暗啊。尤其是想到我要一个人工作，她辞职照顾孩子，我就觉得过不下去了。

艾玛：那有没有这些目标的大致时间表？

阿斐：还没想。

艾玛点评：对于未来的生活，每个人都有很多期盼。但资源是有限的，不可能同时完成。梳理一下目标的重要程度，看看两人目标的交叉点，以共同愿望优先的原则，梳理出目标的先后顺序，才更有利于执行。

问题7：你有哪些可以立刻变现的技能？

阿斐：对企业应用软件比较熟，和客户打交道的能力不错。因为跟团队里的其他人比，我的业绩还可以。此外，改装电脑是我的强项。

灵素：我比较细心，能把琐碎的事情打理得比较有条理。

艾玛点评：阿斐和他女友是一个非常好的组合，一个主外做营销，一个主内管内政。性格也彼此互补，从表面来看是一个不错的创业组合。

6.2.2　状况总结表

第 5 章介绍了三种财务报表，为了让大家更加明白如何使用，又不至于篇幅太多，接下来的几个故事，我将会轮流使用一张表格来帮助理解。

根据上文的七个问题，我们可以制作出状况总结表，如图 6-1 所示。

五年期目标			
生孩子、买房、买车、退休储备等目标			
收入		**资产**	
阿斐工资	1.6万元	房子	360万元
阿斐副业	0.25万元	零存整取	4万元
灵素工资	1.3万元	股票户口	5万元
		iBond	1万元
收入总计：3.15万元		资产总计：370万元	
支出		**负债**	
阿斐	1.3万元	房贷	165万元
灵素	1万元	负债总计：165万元	
支出总计：2.3万元		**净资产总计：205万元**	
技能	改装电脑、软件、销售、行政		
其他			
两份小额的人寿保险			

图 6-1　状况总结表

我们可以发现，他们的每月收支理想，但现有的两类收入都是主动收入，只要其中一人没了工作，如今的生活将难以持续，需要丰富收入来源，尤其是被动收入。阿斐对自己的支出情况概念模糊，这样不利于掌握现金流向。他们的资产较为单一，主要是自住房产，受楼市波动太大，又不能生成正向现金流，急需增加其他资产，搭建钱生钱的良性循环。

他们的目标过于笼统，对实际操作指导意义不大。尤其是即将组建新家庭，生活模式正经历巨大变动。越是如此，越要仔细考虑周全计划。因此，我打算着重指导他们如何设定好目标。

6.3 目标设定

我："你们有设定中长期目标的习惯吗？"

阿斐摇摇头："每年年初时会想一想，年尾时就忘光了。"

灵素："我倒是有把目标列出来，但很多都没有实现。"

6.3.1 写下目标，就能让你收入翻番

我："设定目标非常重要。1979 年，哈佛大学曾对商学院学生做过一次关于目标设定的调查。结果发现，84%的学生没有写下明确的目标；13%的学生虽然写下了明确的目标，但没有写下执行计划；只有 3%的人不仅写下了明确的目标，还包含了执行计划。十年后，哈佛大学再次对那批学生做了调查。那些写下目标但没有写下执行计划的 13%的学生，收入比 84%的没有写下目标的人平均高出 2 倍。而那些写下目标并制订了明确的执行计划的 3%的学生，收入比没有写下目标的人，你们猜高了多少倍？"

阿斐："5 倍？"

灵素："8 倍？"

我："高出 10 倍之多。假设普通人月薪是 1 万元，写下目标的人月薪就有 2 万元，而写下目标并制订执行方案的人月薪高达 10 万元。"

两人惊呼。

阿斐："哇！只要把目标写下来，收入就能高出一倍啊？这简单。"

我："写下明确的目标可不是一件容易的事。"

目标设定调查结果如图 6-2 所示。

灵素疑惑地问："怎么会有这么大的差异？"

我："美国马里兰大学管理学兼心理学教授爱德温·洛克（Edwin A. Locke）和休斯提出了**目标设定理论，认为目标能把人的需要转变为动机，使人们的行为朝着一定的方向努力，并将自己的行为结果与既定的目标相对照，及时进行调整和修正，从而能实现目标。**"

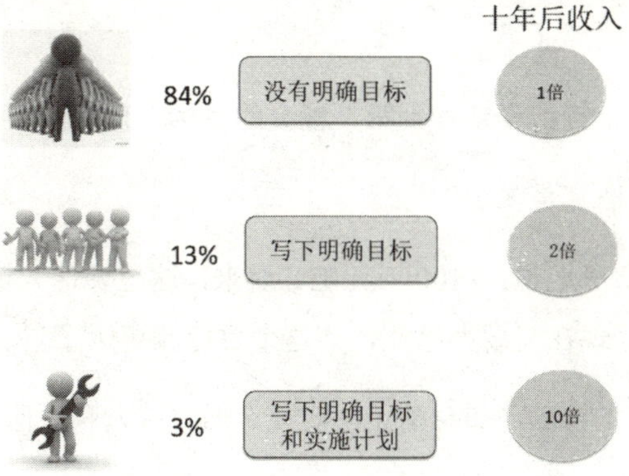

图 6-2 目标设定调查结果

阿斐茫然："不明白。简单点？"

我尽量用简单的语言解释道："目标本身就有助于帮助我们实现目标。好比在远处竖了一面鲜红色的大旗，你看着那面红旗，就会朝着那个方向前进，因而少走了很多弯路。也就是说，有了明确的目标，我们多多少少会多做一些与目标相关的行为。相应地，就少做了一些与目标无关的行为。

"其次，根据这面红旗离自己的远近，你会调整自己步伐的速度。也即，在实施的过程中，你会根据离目标的远近、实现难度的大小，来调整自己努力的程度。

"此外，前面有一面红旗，每当你累了、烦了、想放弃的时候，再看一眼这面红旗，你就会再多走几步。明确的目标会影响人们行为的持久性，使大家在遇到挫折时，比没有目标做出更多的努力。"

阿斐、灵素齐齐点头。

6.3.2 为什么目标总是实现不了

灵素很认真，甚至从包里拿出了纸笔，打算记笔记："每年年初我都设定目标，但总实现不了。有什么窍门吗？"

我："你设定了什么样的目标？哪些没能实现？"

灵素："听说公司秘书的牌照非常有用，香港很紧缺，拿到牌照后很容易找工作，起薪折合成人民币差不多有 5 万元呢。于是我想考公司秘书牌照，但要考很多门课，第一门是公司法，整整三大本，全英文，每次翻开看几页，我就想睡觉，很快就放弃了。”

阿斐：“我每年年初都设定存到第一桶金的目标，但都没有实现。”

我：“你的第一桶金是多少？”

阿斐有些不好意思地说：“100万元吧。后来，这里要送人情，那里又花了一大笔，总也存不下来。现在又要办婚礼，离这个目标就更远了。”

我：“我们设定了目标，却总是无法实现，通常有六种原因。

“第一，人云亦云设定目标。每到年尾，总会看到很多人给自己设定目标：明年要存50万元；工作业绩要翻番。听上去都很不错，但在设定目标之前，有没有仔细评估自身情况？还是因为大家都这么说，自己也拍脑袋这么定？

“阿斐，你设定100万元的目标前，有没有算过每个月的收支情况？平均每月能存多少钱？可能遇到什么突发情况？大概多久才能实现目标？”

阿斐摇头：“就是头脑一热，觉得要存钱了，100万元是个坎儿，就设定了这个目标。其他都没想。”

我：“这就是我们一开始要详细问七个问题的原因。只有清楚掌握了现状，才能更好地计划未来。你知道了每个月自己能存多少钱，才能估算出多久能存够100万元，然后再稍稍提高一些要求，让目标更早实现。”

我：**“第二，对目标难度把握不准确。**目标太容易达到，会使人失去兴趣；太难达到，会让人丧失信心。同样的目标，对某些人来说可能很容易，对另一些人来说却很难。这取决于实施者的能力和经验。**要设定难度适中的目标，既有挑战性，又有可能达到，这就要求设定目标时，对目标难度有充分的预估和对自身能力有足够的把握。**

“灵素在设定考公司秘书牌照的目标时，对考试难度过于低估，对自己时间、精力的投入和能力水平又过于乐观，因此才会失败。”

“第三，目标模糊、不明确。”我举了一个例子，“上司分派了以下三个任务，你们觉得哪一个最容易实施？

“A. 这个访谈问卷就交给你了

“B．请在本周内把这个访谈问卷做好

“C．请在本周内设计出一份针对在校大学生对公司品牌认识度的访谈问卷，大概 20 道题左右，以选择题为主，至少还要有三道开放式问题”

阿斐：“自然是 C 了。”

我：“是的。设定目标也是如此。**明确的目标能让人们更清楚要做什么、怎么做，以及估算付出多大努力才能达到目标。目标设定得越明确，越能减少人们的盲目行为，也更能提高实施人的自我控制水平。**”

灵素：“能否举些例子，怎样的目标算是明确的目标？”

我：“比如，问题 6‘想要什么？’阿斐回答要 60 岁退休，灵素说要生两个孩子，要买一套房子出租。这些都不是明确的目标。

“如果把‘60 岁退休’改成‘60 岁前存下 500 万元退休金’，就比较明确了。500 万元只是我随便说的数字。真正要设定目标的时候，可以按目前的生活水平预估一个退休后的数字，然后查一下这十年的平均通货膨胀率。根据通胀率对退休后的数字进行一定的升幅。因为复利的存在，退休金越早开始储备越好。

“至于‘生孩子’这个目标，应该包含三部分。第一，把孩子生出来；第二，养他/她；第三，教育他/她。可以上亲子网站看看，或搜索育儿费用，会有一些统计数据供你们参考。据此，你们可以预估一个养育新生儿的总费用，不需要很精确。教育费用在孩子出生 3 年后发生，可以之后再调整。

“最后，对于要‘买一套房子出租’的目标，现在网络非常方便，可以先在二手房网查一下你们想要房型的价格，再查一查这几年房价的涨幅，预估几年后该房子的费用。如果打算按揭贷款，首付需要准备多少，也能算出一个大致的数目。”

我：“**第四，目标太多。**《跃迁》一书中有一段话：‘一个人的时间和精力，就是他的兵力。一个人的智商和情商，就是他的火力。想象一个聪明人，精力是别人的两倍，智商是别人的两倍，这够厉害了吧？但一旦这个人兵分三个目标，他马上就会在这 3 个领域中分别被 3 个综合能力不如他的选手击败。’这个比喻非常形象。人的时间和精力有限，在如今这个机会很多的时代，**对目标进行取舍并专注于既定目标的能力比执行更重要。**”

阿斐："怎样做选择呢？"

我："把想到的所有目标都列出来，思考为什么要设定这个目标，可以列出 5 个理由。这可以帮助你思考这个目标是否真正重要。然后给每个目标按重要性、与人生大目标的相关性、完成难度、需要完成的时间先后打分。最后，综合选出 3～5 个中长期目标（见表 6.1）。"

表 6.1　设定目标

	重要性	相关性	完成难度	时间先后
目标 1				
目标 2				

我："**第五，对障碍估计和准备不足**。就算考虑到了目标的难度，也会在实施过程中遇到各种障碍。这时候，仅**有努力和坚持是不够的，还需要有适当的跨越障碍的策略**。在计划过程中，要不断地问自己，这件事会遇到什么困难？如何解决？

"灵素想要考公司秘书牌照，就必须先评估自身缺少哪些能力或知识，是英文不够好，还是法律知识、财务知识不够？在完成这个大目标前，应该先完成哪些小目标？

"阿斐想要存 100 万元，就要先想好现在收入有哪些？为了达到目标，有什么策略？是增加帮人改装电脑的次数、跳槽以增加工资收入，还是提升沟通表达能力、项目管理能力等以获得更好的软件销售业绩，从而得到更高的提成？支出中最不可控制的费用在哪里？如何规避？

"思考得越周密，准备得越充分，则越容易实现目标。"

我："**第六，懒惰和拖延症**。懒惰和拖延是人的本性。设定明确的、有时间限定的目标，有利于缓解拖延程度。更重要的是，**要学会把宏大的目标分割成一个个马上可以执行的小目标。这些小目标必须立刻可以执行**。比如，'减肥 10 斤'就难以执行，但'每周运动 5 小时'或'每天晚饭后不吃零食'就可以执行。

"'60 岁前存下 500 万元退休金'的目标，看上去太过宏大，但在不算复利的情况下，简单把目标切分到每月，也不过每月存下 1 万多元。如今虽说不容易，需要多接几单外快，再节省一些才能达到。但随着工作经验的增加，薪水也会上涨，也许如今的副业会成为之后的大生意，那时候每个月存 1 万多元已不再是难事。

“**人脑需要立即性回馈**。每一个小目标的完成，都会带来成就感，推动你去完成下一个目标。当小目标不断被实现后，你的信心就会越来越强，你实现大目标的欲望也就逐渐加强。你还可以给自己设计一些阶段性的奖赏。当完成一些小目标后，奖励一下自己。

“**定期审视大目标的进展情况也非常重要**。我们之所以拖延，常常是因为觉得大目标与实际情况偏离太远，不可能实现，才会索性放弃。定期审视进程，可以让我们知道哪些地方做得较好，哪些地方需要改进，实施目标的进度是否需要调整，让计划变得更加切实可行。”

阿斐：“难怪你说要写下目标并不简单，光记下这六点都不容易。”

我呵呵一笑：“不如，咱们来总结一下（见图 6-3）。

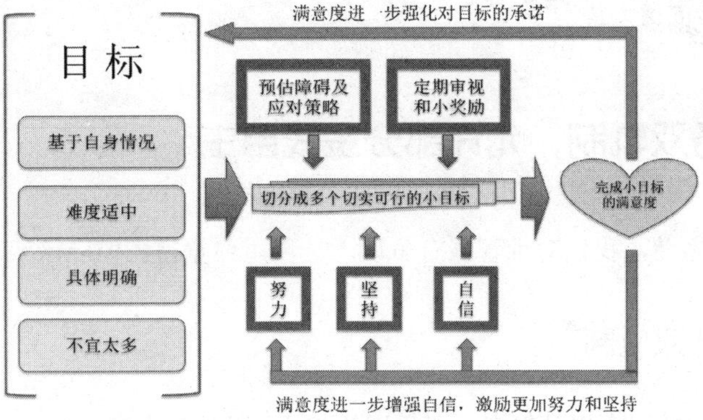

图 6-3 设定目标详图

“一是目标的设定要针对自身情况，不能人云亦云。

“二是难度适中，既有挑战性，又有可能达到。

“三是应当具体明确。

“四是不宜太多，按重要性、与人生大目标的相关性、完成难度、需要完成的时间先后综合选出 3～5 个中长期目标。

“五是在设定目标的同时，必须充分预估未来可能会遇到的障碍，并设计跨越障碍的应对策略。

“六是要学会把大目标切分成一个个可以立刻执行的小目标，并定期审视、反馈并合理调整实施计划。定期给自己小奖励，提高满意度。反过来，满意度会进一步增强自信，从而强化对目标的承诺。”

灵素：“我们回去按照这六点好好计划一下。”

我：“未来你们两个人要一起生活，所以一定要两个人一起参与目标的设定。夫妻双方对未来的财务目标要统一，不能一个人想要存钱买房子，另一个人想要享受当下。在面对目标取舍时，两人的共同目标可以优先选择。

“如之前状况剖析时的总结所说，你们的资产过于单一，仅是自住房产，受楼市波动影响较大。无论工资收入还是改装电脑的收入，都必须投入大量的时间和精力，属于主动收入，手停口停，并不能保证未来的生活。所以，应控制消费，尽快开始投资可以持续产生正向现金流的资产，趁年轻可以承担多一些风险。在设定目标时，应该从这个方面多考虑。”

6.4 财务双轨制，允许部分金钱自主

灵素：“之前，我们对谁管钱有争议。艾玛，你觉得我们应该谁来管钱呢？”

6.4.1 财务双轨制

我：“设立共同账户是很多夫妻采用的方式，目的是大家一起存钱。但如果薪水全部放在一起，有可能因为薪水高低不同、消费习惯不同而引发矛盾，没有自主性。我觉得，夫妻两个最愉快的财务相处方式是‘财务双轨制’。**财务双轨制**是指，允许双方保留薪资中的一部分自己支配；把剩下的钱放进共同账户，扣除家庭的共同开销，如房租、水电煤气费、家私电器购置费等，余下的钱进行理财。如遇到大额支出，就看看该支出属于谁，再用自己的账户支付。

“共同账户也可以根据不同目的设立多个子账户，如保守投资的退休基金、教育基金，比较激进的投资账户，日常消费账户等。我建议收入一到账，就转到不同的账户，然后在日常消费账户中扣除固定开支，最后再开始消费。”

6.4.2　由有能力的人管理，但共同做出决定

我："既然设立了共同账户，那么这个账户应该由谁来管理呢？很多人会觉得，谁的职位高、薪水高，话语权就高，或者谁在家里更强势就由谁管理。这样长期下去，不平等的地位就会引发纷争。

"事实上，在职场上表现优秀的才俊，如果没有良好的理财观念，最后的结局也可能天差地别。况且，很多职位较高的人都比较忙碌，并没时间对各种理财的途径和产品进行仔细研究和比对，或者根本对理财没有兴趣。

"因此，我建议把'决策'和'执行'分开，尤其是金额较大的投资，必须在双方沟通并达成共识下进行，不能由个人擅自做主。而在执行上，要根据谁对理财更有兴趣、谁更适合负责某些项目或更有时间来进行分工。比如，理智的先生做投资，细心的太太做账单处理和报税，等等。投资时坚持价值投资，保持长远的眼光，不要纠结于小的得失。"

我："至于你们两个，灵素在理性务实、对财经的兴趣与关注度、细心和闲暇时间方面都优胜一筹，的确比阿斐更适合管账。"

灵素朝着阿斐斜睨一眼，笑道："看吧，表姐也支持我。"

6.4.3　定期召开财务状况评估会议

我："每季度或者每半年，你们两人应该坐下来一起回顾一下家庭的财政状况，评估数字的变化是否影响家庭的理财目标。在讨论的时候，用数字说话，避免情绪化。当另一半的消费影响到了财务目标，甚至影响到紧急预备金或者退休基金的时候，要讨论在这样的状况下如何完成目标，而不要只对其进行情绪化攻击。"

6.4.4　设定警戒线

我："可以设定消费的警戒线，如目前收入水平还不高，可以设定较低的警戒线，随着收入水平的提高，再逐渐拉高。比如，刚入职场没几年的年轻人，可以设定单笔消费 2 000 元作为警戒线，只要超过了 2 000 元的消费，就提出来与对方商量。这样做的目的不是让对方决定你要不要花这笔钱，而是通过这个商量的过程，再次思考这笔花费是不是必需的，以免做出错误的决定。"

最后，我又强调了一下：“财富管理很重要，夫妻感情更重要。不要只记得替银行账户存钱，感情账户也一样需要增长。表姐祝你们有情人终成眷属，从此过上幸福快乐的生活，不为财务所困扰。”

阿斐和灵素听完我的话后直点头，打算回家就按这个试试。

灵素：“还有一个问题，我们下个月要办婚礼了，亲戚朋友都会送红包，这些红包怎么处理才好？”

6.5 婚宴红包的纠葛

我最近连续参加了两个姐妹的婚礼，发现各地不同风俗、价值观碰撞，也是一件非常有趣的事。

分歧多出现在与红包相关的事情上。比如广州亲戚要送金器，还要新娘当场戴；昆明新郎开门红包居然每个只包 2 元；江苏乡下村里人吃喜酒不用给礼金，等等。果然是一地一风俗，一村一惯例。

举办一场婚礼动辄数万元，收回的红包也金额可观。这些红包如何处理，常常成为新婚家庭冲突的导火线。

中国人心性羞涩，自古很少直接开口谈“孔方兄”，觉得说出来俗气、丢面子或伤感情。因此，较少有人在婚前摊开来讲明婚礼红包如何分配。事后，若处置意见不一致，就会有埋怨和不满。更甚者，造成三个家庭的矛盾。

我有一个小姐妹，家境不错，从小就被娇养着。她觉得，结婚收到的红包是对新婚夫妇的祝福，自然应该是新婚夫妇收着。如果她嫁入家境一般的家庭，公婆怕是不一定能接受这种处置办法。

还有一个已婚的姐妹抱怨，她当年的婚礼费用花的都是老公的钱，公婆没出一分钱。婚礼在公婆老家举办，除新娘娘家人一桌的红包外，其他客人（包括老公的同学、朋友）送的红包都被公婆收走了，说以后还要还人情，搞得他们婚后几年一直捉襟见肘。

如今很多小夫妻都来自不同的城市，可能在各自家乡都要摆一次喜宴，加上在小夫妻工作的城市也要摆一次，事情就更加复杂了。

在决定结婚前，男女双方就应该把事情摊开来讲清楚。把事情想得越琐碎、越细，之后的矛盾就会越少。

6.5.1　婚宴红包应如何分配

婚宴红包的来源无非以下三种：男方父母的亲朋好友；女方父母的亲朋好友；新婚夫妇的亲朋好友。

我建议，不管办几场婚宴，在每一场婚宴结束后，都应清点红包，根据三种来源得到的红包金额，算出以上三种来源的比例值。注意，这个比例值不是人数的比例，而是最后获得红包金额的比例。因为各地习俗不同，可能出现人来得虽多，红包却给得少，或者有些人数虽然少，但每个都是大手笔的情况。因此，按最后金额来计算比例值较为合理。

在扣除当场婚礼的成本后，把余下的红包金额根据上面得出的比例值进行分配，各自按比例收取余额，未来也由各自负责归还自己客人的人情债。婚礼的成本除酒席的费用外，还应该包括筹备婚礼所请的公关公司费用，烟、酒、喜糖回礼费，伴娘、伴郎们的辛苦费，车辆租赁费，亲友酒店住宿费等。

比如，婚宴总共摆了 10 桌酒席。男方父母亲友来了 8 桌，女方父母亲友共 1 桌，新婚夫妇亲友 1 桌。根据最后三方的红包总额，三方红包金额的比例是 7:2:1。

整场婚礼花了 10 万元，总共收到红包 12 万元。那么，扣除花费后，还余下 2 万元。剩下的 2 万元，则按 7:2:1 的比例分给三方。

如果只收到红包 8 万元，还差 2 万元的差额，则也应该按 7:2:1 的比例各自承担 2 万元的差额。

当然也有一些经济条件好的家庭，长辈会把红包都给新婚夫妇，作为婚后储备金，这是另说。

6.5.2　现场收红包要注意的细节

即便安排好了红包的归属，到了婚宴当日，也还会遇到很多意想不到的问题。

我曾经看到有主人家在入口签到处当场收红包、当场打开清点、现场记账，搞得门口排长龙，红包包得较少的客人面子也很不好看。

有经验的客人会在婚宴前提前恭贺，奉上红包或礼物，避免婚宴当日混乱，主人也会印象深刻。如无法提前送达，在婚宴当日，通常也会在红包上写上祝福话语和落款，从而不容易搞错。

而婚宴当天，主人要负责迎宾，通常会安排信得过的两位亲友负责收红包，在没有落款的红包上写上客人姓名，人多时互相补位，人少时相互监督，也可以说说话，免得傻坐无聊。

按广东人的习俗，婆家亲戚们要送金镯子、金项链或者金戒指，而且新娘子要当场戴上。戴得越多，代表自己越受婆家认可。这些金饰价值不菲，人多事杂，不小心不见了一两件，新人恐怕也无从得知，枉费了亲友们的心意。所以，对待这些礼物，也要有专人认真记录，写下客人的姓名、礼物的种类及件数等。

香港人很喜欢用现金、支票，送大额的礼金都会用支票的形式。支票比较薄，混在现金里很容易弄丢。如果遇到这样的情况，支票应该与现金分开处置。在收到支票时，留意一下支票抬头的姓名、日期和金额是否拼写正确。

无论客人给的金额或礼物多少，切忌面露不快之色。钱能解决的事都是小事，莫要因为小事影响了婚宴大事。

真实遇到的情境，大家都会带有情绪，较难完全理性冷静对待。若是长辈们实在在乎这些红包，拿去就拿去了。咱们都还年轻，少许钱财上的吃亏，很快就能赚回来，就当是孝敬他们的养育之恩吧！

本章知识点

本章我们分享了即将组建家庭的阿斐的故事。

- 结婚是一件比较经济的事。
- 状况剖析七个问题和状况总结表的使用。
- 设定目标的六个原则。

- 财务双轨制，允许部分金钱自主。
- 婚宴红包的分配方法及注意细节。

本章练习

- 根据设定目标的六个原则制订你的 5 年期目标。
- 设置你的消费警戒线。

第 7 章

没有第一桶金，谈何财务自由

这天，素素单独找我：“艾玛，我有一个朋友也想跟你聊一聊，梳理一下自己的理财思路，听听你的建议。”

我自然同意，因为知识只有在解决实际问题后才能产生价值。生活的多样性远超我的想象，接触不同个案能够帮助我思考与成长，使我的理论得以证实，方法变得更加可操作化。

素素见我同意，很开心地介绍道：“我这个朋友叫洪列，是我上次开家长会时认识的。他也离异了，前妻出国了，相隔两地几年，感情淡了，就和平分手了。儿子归他，跟我家妞妞同班。他在一家大公司做部门经理。家长会后，我们见了几次面。他知道你最近在指导我理财，觉得挺有帮助，也想向你请教。”

才一个月就见了几次面？有问题！我脑中警铃大作，一冲动就直接问了出来：“那阿逊呢？”

屏幕后又是一阵子迟疑：“你别乱想，我跟阿逊只是普通朋友。他的确挺有趣，像早晨的阳光，爽朗大方。但是，就像你说的，我们这样的中年妇女，应该防火、防盗、防“鲜肉”。我年纪不小了，要养活自己，还要养孩子。他还这么年轻，我陪他从头开始？太累了，还是现实一点好。”

我不禁叹气，看来阿逊是剃头担子一头热。

素素继续：“刚好趁着这个机会，你帮我看看洪列实力够不够硬。”

我有些无奈：“要不我先问问他。如果他同意，我就跟你透露他的情况，不然也不好跟你说。”

素素有些恼：“喂，你是我朋友诶。他是陌生人！你怎么能帮他！”

“这是职业道德。如果是你，我在你没有同意的前提下，跟别人讲你的情况，你乐意吗？”

“好吧！好吧！那你就问吧。他要是不同意，也没必要继续拍拖啦。若是以后要一起生活，还用得着遮掩吗？”素素还是这么简单直接的性子，合则来，不合则散。

我莞尔：“你可以先教他七个问题和三张表格。教他的过程，也是你更深入地吸收这些知识的过程，你还能因此自然而然地了解他的财务状况。不然，由我来问他同不同意向你透露，有些突兀。”

素素：“好主意！读书时怎么没觉得你这么聪明？”

我佯怒：“原来以前你夸我的话都是假的！我刚想说，帮你好好盘问盘问他的品性呢。”

素素疑惑：“品性？你不是指导理财吗？怎么又看品性了？什么时候给帮忙算算命？”

我哈哈一笑：“算命也不是不可以。不是说理财就是理人生吗？**一个人理财的态度，很大程度上就是他品性的体现。从他管理钱的态度，就知道他有没有责任心；做事是基于理性，还是喜欢意气用事；眼光够不够长远；对生活的要求是否与你匹配；甚至能看出部分价值观。**”

“哇！太好了。我的后半生就靠你了。受了这么多挫折，我实在有点不敢相信自己的眼光了。”

7.1 素素的潜在目标

隔了一周，收到素素的语音，话语里透着得意：“你的办法真好。快看，他全交代了。”话音刚必，发了三张图过来，依稀是三张表格。

“慢着！你跟他说了会发给我看吗？”我急忙道。

素素：“说啦！他还说下星期会去香港出差，你有空的话，想当面向你请教呢。”

我这才安心地打开三张图来细看：“呦！表格制作得挺不错啊！”因篇幅缘故，本章着重分析资产负债表和收支表，如图 7-1 所示（单位：元）。

洪列家的资产负债表　日期：2018.1.22

资产						负债			
种类			现值	收益率	备注	种类	余额	利率	年期
流动资产		现金				汽车贷款	100,000	12%	1
		活期存款	30,000			商业房贷	900,000	6.55%	18
		货币基金	150,000	4.80%		公积金房贷	320,000	4.70%	18
金融资产		股票	120,000	8.60%					
		基金	200,000	15.00%					
		债券							
		保单现金价值							
固定资产	投资	黄金							
		房产（投资）							
		字画等收藏品							
	自用	房产（自用）	3,600,000	0					
		汽车（自用）	200,000	0					
		珠宝（自用）							
资产总计			4,300,000			负债总计	1,320,000		
净资产总计（资产–负债）			2,980,000						

洪列家的年度收支表　年份：2017

每年收入				每年支出		
种类		金额	占比	种类	金额	占比
主动收入	工资收入	300,000	61.58%	房贷	105,000	23.92%
	工资奖金	140,000	28.74%	车贷	48,000	10.93%
				日常生活费	150,000	34.17%
				养车费用	20,000	4.56%
				医疗费用	6,000	1.37%
被动收入	理财分红	7,200	1.48%	子女教育费	60,000	13.67%
				给父母家用	30,000	6.83%
				其他开支	20000	4.56%
稳定年收入总计		447,200		稳定年支出总计	439,000	100.00%
稳定年盈余总计（稳定年收入–稳定年支出）				8,200		
投资收入	股票损益	10,000	2.05%			
	基金损益	30,000	6.16%			
其他收入	中奖					
	红包					
所有年收入总计		487,200		所有年支出总计	439,000	
年盈余总计（年收入–年支出）：48,200						

图 7-1　洪列家的资产负债表和年度收支表

素素：“那是！我可是对着你给我写的内容，一点点指导他做的。”

“嗯。这个学生还不错。”没有阿逊在一边插科打诨转移注意力，授课愉悦度要高很多。

素素：“你快帮我看看，他怎么样？”

我：“嗯。年收入不错，底薪 30 万元，奖金 14 万元。2017 年股票市场走势很好，基金收益率高达 15%，股票收益率也不错，有 8.6%。已经有了自住房产，也买了车。车贷 1 年后就能还清。”

“不错吧！”素素一副求表扬的姿态，“我还帮他计算了你讲的三个公式：

“资产流动性比率=流动资产/月支出=(3 万+15 万)/(44 万/12) = 4.9，参考值是 3，说明有足够的紧急备用金。

“负债收入比=年负债支出/年稳定收入=(10.5 万+4.8 万)/44.7 万=34.23%，没有超过参考值 40%，说明家庭目前能够应付债务。

“投资合理比=投资资产/净资产=32 万/298 万=10.74%，家庭参考值为 50%。这个比例有点低，要想想怎样盘活一部分资金用于投资，以提高净资产规模。”

“看来是真的学到心里去了。”我说。

“那是！我给他讲完，不仅掌握了他全部的财务状况，还让他对我肃然起敬。那两只眼睛，桃心闪闪的，就差冒出来了。”素素还特意发了一张两眼冒红心的动图给我，逗得我直笑，有些不忍泼她冷水了。

“价值 20 万元的车，20 万元是现在卖出去能卖的钱，还是当年买车的价格？”我问。

“啊？”素素发了一张晕菜的表情，“不知道，没问。”

我：“房子呢？现价还是买入价？”

素素：“……”

我：“支出是有准确的数据还是拍脑袋估的？一年一付的车辆保险费都加进去了吗？”

素素：“应该是估算。哪个男人会记账啊？一年一付的……我忘记问了。”

我：“已经非常好了，至少消化了 80%。相信你下一次教其他人的时候就不会忘记了。”一听我这话，素素又开心起来。

7.2　三类人的现金流向图

我：“你知道为什么投资合理比很低吗？”

素素想了想：“因为投资资产太少？”

我：“你看，他的资产主要来自于自住用的房子和车子，这两样不仅有大额负债没还，而且它们本身对现金流一点帮助都没有。”

素素：“什么叫‘对现金流一点帮助都没有’？”

我：**“所谓现金流，就是把钱比作‘水’，观察它的流向。”**

7.2.1 刚毕业的年轻人

大多数人，尤其是刚毕业的年轻人，他们赚取工资收入用以应付每日支出。**现金流的流向很简单：从收入流到支出，周而复始**，如图 7-2 左侧所示。收入非常单一，以工资收入为主。一旦失去工作，现金流立刻断流，生存就会出现问题。

7.2.2 中产阶级

洪列的情况则是**典型的中产阶级现金流状况：钱从收入流往负债和支出两大块**，如图 7-2 右侧所示。这类人的收入也比较单一，依旧以工资收入为主，不过工资比前一类人更高，有一些小额储蓄，用来购买理财产品或买卖股票、基金，获得小额被动收入。**拥有了自住用的资产，但没有带来被动收入，反而因此背负了大额负债**。日常支出需要拨出很大一块来偿还贷款。

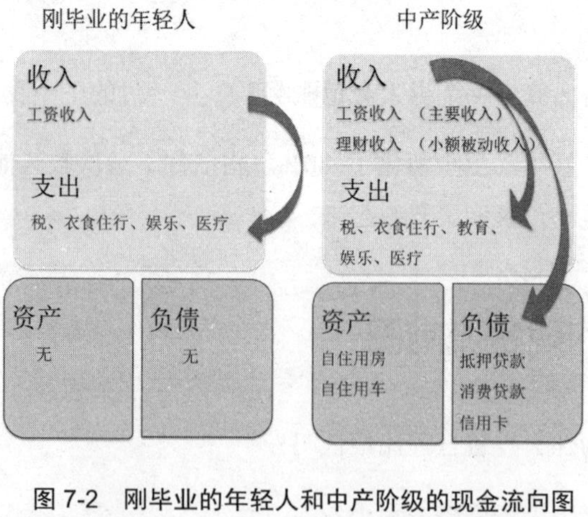

图 7-2 刚毕业的年轻人和中产阶级的现金流向图

值得注意的是，很多人把自住用的房和车当作了好的资产，把原始积累的大部分资金用于购买它们，甚至背负大额贷款。很多人如洪列一样，随着楼价快速上涨，账面上的资产价值和净资产快速增长，误以为自己的财务实力也水涨船高。事实上，**他们资产和净资产的增值仅仅来自于自住用房屋的价格提升**，一日不套现，一日仅停留在账面数字上。就算套现，自住是刚需，你依旧需要花钱另找地方住，其他房子无论租售，一样价值不菲。

这种错误的认知，强化了他们购买自住用房产的信念。随着生活品质的提高，自住用房越换越大，车子越换越好，贷款成为生活的主要支出，变成了名副其实的“房奴”和“车奴”，再没有余力去购买其他能带来收益的资产。

依旧单一的收入来源，和前一类人一样，接受不了失去工作的冲击。更糟糕的是，因为背负了债务，现金流一断，无法按时还贷款，自住资产就会被债权机构没收。另外，高收入自然而然培养出了高品质的生活，日常消费大手大脚，很难短时间内重回简朴，曾经的骄傲短时间内一败涂地，也因此才会有那么多中年失业后自杀送命的故事。

总之，自住用资产只是空中楼阁，是刚需，但不要超额投资。

7.2.3　财务自由人士

与自住用资产对应的就是投资性资产。投资性资产能够持续不断地产生被动收入。当被动收入大于日常支出时，我们就说达到了财务自由。财务自由下现金流的流向如图 7-3 所示：**资产形成收入流往资产、负债和支出三块。在这样的现金流下，资产越来越多，债务越来越少，收入也就越来越丰厚。**

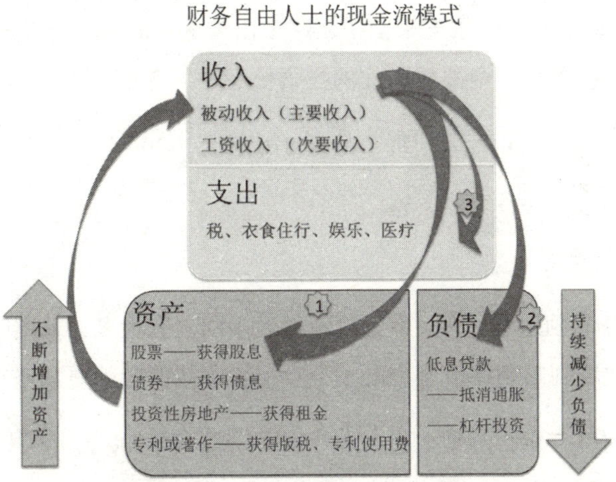

图 7-3　财务自由人士的现金流向图

在这个过程中，他们通过融资来扩大自己的本金，使资产增长更快；又把负债控制在一定范围内以降低风险，来实现资产增值的最大化。支出也有优先顺序，他们的收入首先用于积累资本购买更多的资产，其次支付用以杠杆投资和抵消通胀的债务，最后才会去支付日常开销。

还记得之前提到的"鸭舌帽曲线"吗？在财务自由下，当你无法工作的时候，被动收入依旧持续向你的财富蓄水池供水。

7.3 广义资产、有效资产和值得积累的资产

素素："之前你说过资产有好坏之分，当时不太明白，这下子完全理解了。**自用性资产不能带来现金流，所以是不良资产。因为是刚需，所以肯定要买，但不要买太好的，满足需求就行了**。对了，我听了你的话，现在搬去和爸妈同住了，不用跑来跑去，方便了很多。房子也正在放租，市场价有 6 300 元呢。车子也卖了，价格比我想象中要低，才开了两年，一下子亏了好几万元。现在我开我妈的车，她很少开。"

我："车只会越来越便宜。同样是资产，车比房子还要糟糕很多，贬值得特别快，每个月付出的成本也高。现在网约车那么方便，没车出行根本不是问题。"

素素："是的。虽然亏了几万元，但不用花钱养车了，每个月又省了 1 000 多元。"

我："你之前已经能够收支平衡了。这多出来的房租和省下的养车钱，差不多有 8 000 元，先不要花，全部放进你的投资储备中，想想那个复利方程式……"

素素："哇！首期 60 万元，每个月存 8 000 元，30 年，每年 8%，能得多少？让我算算。"

我："你自己会算了？"

素素："我哪有阿逊那么傻。你上次不是说了网上有很多计算器吗？我现在常常去算一下，每次看到复利终值又上升了一点，我存钱的心就更加坚定了。"

素素："你看！7 000 万元！我六十几岁之后就有 7 000 万元了！"

素素："谢谢你！让我的人生一下子光明了起来。"

素素："还有一个问题——既然自住用房和车都不是好资产，那为什么还要把它们叫作资产呢？引起大家那么大的误会，简直误人子弟啊！"

我："这是词汇使用习惯的问题。**通常我们说的'资产'是广义资产，属于会计学上的定义，只要能以货币单位衡量的经济物品或资源都被称为资产。**就像存款、房子、车子、桌子、椅子，只要产权归属能清晰界定，都可以称之为一个人或一家企业的资产。

"理财是近些年才开始流行的，还未形成系统的知识体系，与商业财经、会计、投资、金融等学科交叉在一起。**理财更针对家庭和生活，更关注现金流的流向。**评估一项资产的好坏，主要就是**从现金流的角度来区分**的。

"那些**能够在一段时间内持续带来经济收益的资产，被称为有效资产**，俗称好资产。最简单的评估标准是，当持有这个物品时，该物品会自动带来现金流入你的口袋，如股息、债息等。

"此外，比好资产更好的是**值得积累的资产，即除能在持有期间产生现金流外，其产生的整体收益会随着时间有所增长，且增长速度比通货膨胀快。**比如房产，在楼市上涨周期，除每个月能带来租金外，楼价上涨还会带来整体的资产增值。**这才是我们值得长远积累的资产。**三种资产的范围关系就像下面这张图一样（见图 7-4）。总之，我们投资不是为了'赚钱'，而是为了赚'能产生被动收入的资产'。"

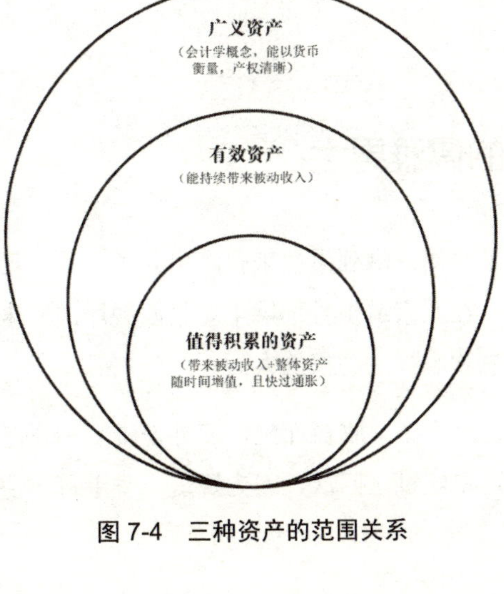

图 7-4　三种资产的范围关系

素素：“哦！这下我彻底明白了。所以说，洪列虽然有300万元的资产，但主要是自住用房产，不怎么顶用，是吧？”素素发来的语音听起来有些失落。

我安慰她：“还是有用的。**如果急需一笔钱，或有好的高收益项目缺钱投资的话，自住用房产就可以通过贷款来套现，用市场价值减去欠款余额就是可以贷到的最高金额。**”

素素：“你觉得这个人的财务状况怎么样？”

我：“只有自住用房产并不算太大问题，以后调整投资方向，很快就能改变。最大的问题是他的支出太大。他一年的稳定净盈余只有8 200元，其他盈余全部来自于股票和基金的盈利。2017年是小牛市，整体市场不错，股票收益8.6%，基金收益15%，只是正常水平。如果遇到波动较大的市场，甚至是熊市，怎么办呢？或者突然需要大项开支，就立刻入不敷出了。”

素素：“对哦！”

我：“你看他每个月的支出，大额的房贷、车贷、子女教育费、给父母家用、养车费用、医疗费用都已经分出去了，日常生活费还有34%。这34%用在哪里了？”

素素：“那我要去问问。”

“可千万别像跟我说话一样直接。毕竟这是他的私事，你也还不是他太太。要旁敲侧击，迂回婉转。”我提醒道。

素素：“嗯。”

7.4 热爱生活的儒雅男士

与素素聊完，隔了一周，洪列果然来香港出差了。我们约了晚饭，虽然我是地主，地方却是他选的，在北京道1号顶层全海景西餐厅。看来，洪列是一个西化、对生活有着高要求、喜欢掌握主动权的人。

我到的时候，他已经在了，临窗而坐，窗外是维多利亚港闪烁迷人的灯光。我在香港十几年，只来这里吃过三四次，因为嫌贵。香港每一块有海景的窗户，都会带来大幅的溢价。

洪列模样斯文，头发花白，但白得匀称，像特意染的，并不显老，反而让人觉得时尚。看到我过来，他站起身来，个子不高，但很挺拔，衣饰搭配得也精致得体。“您跟素素给我看的照片不大一样。”他的声音充满磁性。很理解为什么素素迅速转移对象了，因为在沉稳儒雅的洪列面前，阿逊实在太稚嫩了。

我：“哈哈。那是很多年前的照片了，岁月是把杀猪刀。”

“不不。岁月是一位雕刻师。经了风霜，更有韵味了。”洪列笑着恭维。

开餐没多久，我们就切入了正题。洪列说他身为大公司的中层主管，在同学中出类拔萃。几年前买了房子，这些年随着楼市上涨，房价升值很快。在外人看来，生活无忧，事实上，每到发薪日，扣除了税和社保，到手的收入很快会因为要偿还信用卡和房贷、车贷而大幅缩水，到月底更是花精光。他常常会产生“这么多钱都跑到哪里去了”的困惑。

“我也知道记账会有帮助，可是每天工作要处理的事堆积如山，还常常要出差，四处奔波，根本没时间记账，也很少停下来好好思考一下未来的生活。日子就这么一天天匆匆而过。”洪列烦恼地说，“所以，听说素素在跟着您学理财，我特别有兴趣，很想找个高人来指点一下迷津。”

“高人算不上，我只是在理财这个领域比别人走得早一点，平日里思考得多一些。其实理财的很多理念都是常识，只是大家很少系统地去想罢了。”

“您太谦虚了。”洪列恭维道。

我说：“上次跟素素简单分析了一下你的财务状况，她跟你提了吗？”

洪列点头：“是的。说我的净资产主要依赖自住物业，这不能带来正向现金流，以后自用的资产不要投入太多，要购买那些能带来收益的资产。还有我的盈余主要来自于股票和基金的盈利，不稳定。支出太多，要控制。您说得太对了。我也想要购买投资资产，可总是存不下第一桶金，谈何财务自由呢？

“我平常觉得也没怎么花钱，就常常和朋友出去吃饭、买买烟、品一下红酒，每个月会打一次高尔夫，给我和孩子偶尔买点东西。不过我比较讲究品质，虽然不多，但每次都买好的。再加上一些人情往来，反正到月底就没剩的了。很奇怪，**以前薪水少的时候还能剩下点，现在反而越来越难存到钱了。**”

“这是很多人都会遇到的问题。”我说，“随着收入增加，大家对生活品质的要求也越来越高。品红酒、打高尔夫，每一笔花费应该都不少。”

洪列有些不好意思：“是的。总觉得平常工作那么辛苦，收入也这么高了，没必要像从前那样亏待自己。”

7.5 四字箴言——摆脱“月光”的秘诀

我很赞同：“赚钱本来就是为了生活得更好。要想保持现有的生活品质，并摆脱‘月光’的状态，其实并不难。”

“请老师指点。”洪列站起身佯装作揖。

“秘诀只有四个字。”我故作神秘。

“哪四个？”洪列问。

“阿弥陀佛。”我眨眨眼睛。

“啊？”洪列配合地做出被傻到了的表情，可见是一个知情识趣的人。

我正色道：“在我告诉你这四字秘诀之前，我想问——你是不是真心想改变现状？”

“当然！”洪列也一脸严肃起来。

“为什么这么问呢？因为人们习惯性地认为，存不到钱是因为薪水太低，或生活成本太高，这些都只是外在因素。《富爸爸穷爸爸》一书中提到，穷爸爸常说‘我可付不起’这种消极被动的陈述句，而富爸爸则会说‘我怎样才能付得起？’这样促使你想办法的疑问句。**积极与消极两种完全相反的心态会吸引着事情向完全相反的方向发展。**积极的想法会像一块强有力的磁石，吸引生活中积极正面的人和事。消极的想法则刚好相反。**如果想要改变‘月光’的状态，首先要坚定必须改变的决心，对形成正向现金流抱有强烈的愿望，并相信自己能够改变，这样才能打破习惯的桎梏。**”

“上次整理出家庭财务报表时，我第一次真切地直面我的财务状况。以前一直都是得过且过，没想到问题有这么严重。的确如你所说，现在的我太脆弱，工作一出问题，或家里一有大的消费，我就可能负担不起了。所以，我一定要改变。”洪列非常认真地说。

我再次强调：“**坚定要改变‘月光’状态的心，就是摆脱‘月光’的第一步，也是最重要的一步**。只要你真心想改，没有什么是改不了的。”

7.5.1　降低频率

“嗯。那四个字是……”洪列急切地问。

“降低频率。”我说。

“降低频率？”洪列疑惑。

我解释道：“没错，**降低频率！也即，除购买生活必需品外，其他每一项享受性消费都拉长间隔。**”我正色道：“比如，你原来每周出去和朋友吃三次饭，现在就改成两次；除非烟瘾很强，否则一周一包香烟，可改成三周两包；一个月打一次高尔夫，就改成一个半月一次。每个‘月光族’导致‘月光’状态的原因各不相同。我觉得这四个字最适合你，不用改变太多，只要中间间隔稍微拉长一点，你就能省下很多，生活品质也不会太受影响。”

洪列点头：“好主意！我回去就试试。”

7.5.2　借助外力

我说：“完成这一转变后，大概过半年时间，你可以再算一算每个月能存下多少钱。如果你想再进一步，我就教你第二步。”

“你就一次性教我吧，我回去一定改。半年绝对不是问题。”洪列非常诚恳。

“第二步也是四个字——**‘借助外力’。**”我再次笑着眨眨眼。

“哈哈，我觉得我遇到了一位神师，可以制作四字箴言集了。”洪列笑道。

“此处应有配图——周星驰《功夫》中那位大师拿出一本《如来神掌》。”我点头称是。

洪列笑得差点喷饭：“看来咱们是同龄人，没有代沟，都对周星驰的功夫很熟悉。”

洪列笑了好一阵子，才继续问道："借助什么外力呢？"

我说："万事开头难。长期'月光'的人，通常都较难靠自己完成储蓄。因此，借助外力不失为一个行之有效的方法。如我当年供房屋贷款，或设立零存整取的账户，或买一份储蓄型保险……每个月在获得收入之初，便强行扣除一部分。

"时间点很重要，**要在刚拿到收入时，就转账到理财账户——这叫作'理财账户优先支付原则'**。至于转账多少，不要追求一步到位，刚开始只要比现在能存的钱再高一点就行。比如，当你降低频率之后，发现每个月能额外存下 2 000 元，那么就设定 2 500 元或 3 000 元的目标。每个月刚拿到工资的时候，就先转相应的金额到这个理财账户上。

"学会为自己设立短期目标。当一个个短期目标串联在一起时，自己的长远目标也就近在咫尺了。等你有了第一个 10 万元后，就很容易有第二个、第三个。久而久之，就不再需要外力了。"

洪列点头表示认同："这的确是一个切实可行的方法。还有其他四字箴言吗？"

"你真要听？还有不少呢！"我笑称。

"神师，小徒我洗耳恭听。"洪列又起身假装作揖。

7.5.3 记账预算

我继续："要想把理财做扎实，记账是基本功。尤其是针对你这种不知道那么多钱跑哪儿去的人。你可以试着先用记账 App 记上三个月，就能看出大概来了。你以为每一笔都是小数目，最后，积少成多会吓你一跳。

"只有记账了，才能清楚地把握自己每个月的资金流向。现在的记账 App 用起来非常方便，也有每月账目分析的功能，方便你对各门类的消费状况进行清晰的把握。

"记账之后，还需要定期分析反省，制作每个月各大类支出的预算，时时提醒自己消费情况。**特别要注意那些'稳定的''持续性的'开支，思考如何降低消费频率或金额**。

"记账最好要持续一年，因为一年才是最完整的周期，如各种节庆、家人好友生日等各种花钱的场景都经历了一遍，对未来一年的预算就更有指导意义。做到心中有数后，才能预留一部分钱给花费较多的月份，从而进行相互调剂。”

7.5.4　“需要”“想要”

我：“这与刚刚的‘降低频率’有些关联。降低频率着重于降低‘想要’消费的频率，而又不会大大降低生活水准。这一点主要在于区分‘需要’和‘想要’，**并在消费时减少购买‘想要’的物品，从而减少浪费**。”

洪列问：“需要和想要还分不清吗？”

我说：“在实际操作中，并没有想象中那么容易，因为任何问题都不是非黑即白的。**在不同的情境下，‘需要’和‘想要’会有不同的答案**。比如衣服，如果没有御寒的衣服，那么买一件是你的‘需要’；已经有好多件 T 恤了，再买就是‘想要’。如果你要去面试新工作，那么买一套好一些的职业装又是‘需要’。

“从表面上来看，加上情境后，区分清楚‘需要’和‘想要’也不难。事实上，我们很多人在概念上都存在误区。大家可能都会认为我们存不到钱，是因为买了太多‘想要’之物。但恰恰我见到的很多人，尤其是老一辈的人，买了太多他们认为的‘需要’之物。我婆婆爱逛超市，看到洗发水、沐浴乳打折就会买。有一次，我帮她收拾东西，发现很多都已过期，最后只好扔掉。吃饭总是‘需要’了吧？但在我的家乡，大家每次出去吃饭都会点很多食物，最后吃不完都浪费了。再或者，女孩子永远觉得衣柜里缺一件衣服，难以搭配，‘需要’再买一件。”

洪列想了想说：“是的。我的衣柜里也有很多件买了基本没有穿的衣服或配饰。有什么区分的标准吗？”

我说：“要想区分‘需要’和‘想要’，主要有四大原则。

“第一，重品质而非品牌。买包包是‘需要’，买几万元的包包就是‘想要’。吃午餐是‘需要’，吃昂贵的米其林餐就是‘想要’。

“第二，买了不用的东西就是‘想要’。发现一件衣服很久没穿过，那就是‘想要’而不是‘需要’。

“第三，数量过多就是‘想要’。买了两三个包包，还想再买就是‘想要’。

“第四，追潮流就是‘想要’。”

洪列思忖片刻，说道：“现在想来，我平常也买了很多‘想要’的东西，看来我可以节省的空间还很大。”

7.5.5 择友而交

我接着说：“此外，一个人容易节制，但一群人在一起，迫于面子、群体压力或氛围等影响，很容易破戒。”

洪列赞同：“说得太对了。我就有一帮狐朋狗友，平日里一起吃喝玩乐。”

我：“**平时多交有良好消费习惯的朋友，少与追品牌、追潮流的人交往**，从而避免超出自己的实际消费能力，盲目攀比导致财政赤字。此外，与朋友一起聚会，可以选择较健康且花费不多的活动，比如成长社团、读书会、爬山、打球、看电影等。”

7.5.6 找替代品

我：“最后，如果人感到内心空虚或充满压力，就会找一些模式来填补。有些人虽然衣食无忧，但却很少与人交流，生活中缺乏兴趣爱好，社交活动也不多。因此，**购物往往会成为他们追求自身价值的途径，物品本身反而没有太大意义。**有些人，工作压力一大，也喜欢逛街血拼。尤其是在一项大项目结束时，很多人都选择通过大吃一顿、血拼或疯玩来奖励自己。”

洪列：“我就是后面这类。每次完成一项大项目，我都会约大伙儿一起大吃大喝庆祝一番，好好玩上几天。”

我：“**要想从根源上解决这个问题，就需要认真对待自己内心的空虚，并找到转移压力的方法，也即找替代品。例如，可以培养一些兴趣爱好，或主动参加一些有益身心的群体活动**，如做义工、参加手工课、郊游等，让生活丰富起来，同时也能缓解工作压力。”

洪列见我终于停下了滔滔不绝之口，呼出一口长气：“我都记不过来了。原来理财有这么多门道。”

7.6　最后的建议

我摇摇头：“这仅仅是消费这一个模块而已，理财的领域宽着呢！”

洪列：“今天算是见识了！受益匪浅。”

我看看手表：“太晚了，我差不多要回去了。走之前，我还要送你四个字。这四个字比之前的更重要。”

洪列立即正襟危坐，竖起耳朵听起来。

我：“就是**‘要买保险’**。”

洪列一脸嫌弃：“啊？保险？我觉得是骗人的。”

我笑笑：“我看你的资产负债表里没有列出保险的现金价值，收支表里也没有保费支出，想来你是没有买保险的。”

洪列皱皱眉，露出些微防备的神色：“是的，我不相信保险。”

我微微一笑：“很多人对保险存在偏见，这主要源自于中国保险业早期的野蛮生长，保险从业员素质低下，为收取佣金乱承诺，与保险本身无关。保险好比刀，是一种工具，关键看人怎么用。

“近年来，很多人把保险看作一项投资，这是很大的认知误区。市面上的储蓄分红类保险，保单期限都很长，不能像其他金融产品一样可以提前中止，如果提前解约，损失较大。这些年通货膨胀剧烈、货币快速贬值，此类保险通常是在十几、二十年后以固定额度给付，这笔金额的实际购买力将大幅缩水。扣除通胀率后，实际的投资回报率并不比其他投资品种更优。”

听我也在批判保险，洪列立刻拍案赞同道：“没错！所以我觉得保险根本不值得买。”

7.6.1　保险是什么

我摇摇头，继续道：“这是因为我们混淆了保险的概念。保险是什么？**它是用现在的钱来转移未来财务风险的一种手段。**所谓财务风险，无非包括两方面：一是因身故、残疾或意外伤害无法工作，而造成的收入中断，导致收入大幅减少；二是因意外带来的医疗、生活等支出大幅增加。买保险是一种交换，一方提前支付保险费，另一方在你发生财务风险时提供财务补助。

“洪列，你现在上有老下有小，是家庭财务的顶梁柱，也是目前家庭唯一的经济来源。万一你发生意外，无法工作，甚至身故，你的父母、孩子如何维系生活？凭你还没有供完的自住房屋？还是只有几十万元的股票、基金？”

洪列低头不语，沉思许久，才抬起头，有点沮丧地说：“我没有想过。”

我：“**保险作为投资渠道很是鸡肋，但作为转移财务风险的手段却非常有用。**当发生财务风险时，如果家里有足够的钱，损失几十万元，家里一切不受影响，那么可以不用买。若你已经实现财务自由，在你不能工作时，依然能够得到足够日常所需的收入，当你突然身故时，也能继续给你的家人提供足够的收入来源，那么也可以不用买。或者你有社保和其他团体商业险，也能帮助你转移部分或全部财务风险。但仅仅从你的财务报表来看，你还是非常需要借助保险来承担风险的。”

洪列的声音都有些可怜兮兮了：“那我需要买些什么保险呢？保险条款冗长，字迹又小，密密麻麻，看了就头痛。”

7.6.2 买什么保险

我：“我不是保险经纪人，不清楚具体的保险产品，只能给你指出大的方向。”

洪列笑着说：“正因为你不是保险经纪人，我才更相信你。”

我笑笑：“保险产品琳琅满目，有不同的险种，不同的给付条件，但主要分为六大类。

“第一，定期寿险。在你突然身故或不能工作时，补充收入。如果你的工作收入是家里收入的主要来源，那么这类保险最需要购买。目的是，当你遭遇身故或无法工作时，给家人以财务补助。保障期间是从购买到退休，也即你赚钱的时间段。很多人觉得定期寿险不如养老险，到退休就没有了，而养老险可以一直领钱到身故。事实上，从保险的功能来讲，定期寿险主要是为了弥补作为主要家庭收入支柱的你，在无法工作时的收入损失。等退休后，你的子女都已长大独立，房贷也差不多供完了，你当初担心的需要通过保险来解决的问题基本上都不存在了。从费率来讲，**同**

样的保费，购买定期寿险可以买到养老险几倍的保障。对于预算有限的家庭，可以用更低廉的成本买到更高的保障额度。至于退休后继续领钱，你可以通过其他投资方式来实现，收益和流动性比养老险高很多。

“**第二，意外险。**针对因意外事故造成的财产损失。相对于定期寿险来说，因为风险范围缩小了，所以费率更低一些，可以作为定期寿险的补充。最常用的是：开车必须买的第三者责任险、贷款房屋必须买的火险、地震带的地震险、聘请菲佣必须买的劳工保险等。

“**第三，重疾险。**在患有合同约定的重大疾病时，可以一次性获得约定的保费，用来支付看病、请陪护、病后恢复等费用。

“**根据危害程度，以上三个险种最为重要。**

“**第四，医疗险。**支付普通疾病看病、治疗时的费用。医疗险用来弥补社保医疗的不足。但年龄越大，保费越昂贵，且既往症一般都不能报销。

“**第五，养老险。**在退休期间，定期出粮，支付生活费。退休后，养老险以定额支付养老金的形式，帮助补贴生活费。但还是那句话，年限太长，通胀太快，其他投资渠道保障更高。

“**第六，理财险。**锁定利率，进行投资分红。理财险比较安全、长期和稳定，是资产配置的一种途径。

“后三种险种，个人觉得按你收入的多少、家庭需求适当购买即可。”

7.6.3　签保险合同时要注意什么

洪列：“定期寿险最必要，的确需要购买。意外险和重疾险也可以看看。那么，买保险还需要注意什么吗？”

我：“**第一，再想一想，你买保险是为了什么。**在签合同前，你要再想一想，你买保险的初衷是什么，不要被保险经纪人的思路带偏了；你打算付钱的保险种类，能不能转移你想转移的那一类财务风险。

“**第二，应该买多少额度。**很多人都是听保险经纪人推荐买多少，再看看钱包里的银子够不够。够就买，不够就买少一点，并没有仔细思考自己的需求。更有很多人仅仅是为了人情关系而被迫买的保单。定期寿险的计算方法是：当你身故后，家里需要多少钱；或者你在退休前应该赚多少钱。保额=房贷余额+车贷余额+孩子成年前的教育费用+老人赡养费用。其他险种根据你的收入和家庭需求适当增减，不要高估保险的功能，不要买超过自身承担能力的额度。

“**第三，保单都有犹豫期。**签完保单，还有10～15天的犹豫期。抓紧这几天的时间，多想想，如果反悔了，不要怕麻烦，不要怕丢面子，可以取消保单。

“**第四，定期检视是否符合当下需求。**人生不同的阶段，不同的财务状况对保险的需求不一样，需要定期检视保单是否符合当下需求，尤其是在家庭结构改变或工作状况调整之后，更要根据实际情况动态调整保单。

“总之，**保险本身是一个很好的工具，合理利用保险帮我们转移财务风险，让我们的财务更安全，这才是保险的作用。**”

等洪列思考完，再次点点头，我决定今晚就到此为止了：“好了，我真的要走了，太晚了。希望今天这场对话能真正帮到你。”

“我收获太大了！再次感谢！”与我道别时，洪列再次对我深深一揖，这一次如日本人一般，深深地弯了腰，停了几秒才起。

我感受到他的慎重，为自己真正能给人以帮助感到非常欣慰。希望每一个人都能得益于理财知识而有更好的生活。

本章知识点

本章我们分享了中产阶级洪列的故事。

- 如何从家庭资产负债表和年度收支表中看出家庭存在的财务问题。
- 三类人的现金流向图。
- 广义资产、有效资产和值得积累的资产。
- 摆脱“月光”状态的6种方法。
- 不同种类的保险及买保险需要注意的事项。

本章练习

- 画出你的现金流向图，并思考如何改变。
- 根据摆脱“月光”状态的方法，制订自己提高储蓄率的计划。
- 检视自己是否需要购买保险，或检视已购买的保险是否真正能满足自己的需求。

第 8 章

债务缠身，谁来救救我

与洪列告别后，又过了些天。突然阿逊在微信上找我："艾玛姐，你说素素她为什么不喜欢我？"

尽管一早就猜到了他们那点子事儿，但被阿逊突然这么直接地询问，还是有些尴尬。想一想洪列斯文儒雅的模样，再想想阿逊机灵有余、沉稳不足的样子，只好劝他认命："到了我们这个年纪，爱情不再是唯一考虑的东西了。她比你年长不少，又嫁过人，还有一个女儿。而你刚毕业，未来有无限可能，你们的婚姻是不会被长辈祝福的。她也没那么多时间再慢慢拍拖、慢慢谈婚论嫁。"

阿逊："可是，我真的很喜欢她。"

"就像我之前说的，要在合适的时间做合适的事情，理财如此，爱情亦然。你和她相遇得不是时候。"我安慰他，"正好，你可以化悲痛为力量，好好储备自己，迎接未来更好的她。"

隔了许久，阿逊又传信息过来："我今天找您，主要还是另一件事。我有一个表哥，在深圳创业好几年了，曾经还是挺不错的，这几年技术革新太快，一直想转型，试了几次都没成功。为了救那一摊子事儿，抵押了车子、房子，后来又借了很多外债。终究熬不过，破产清算了。现在，尽管最糟糕的时候已经过去了，但个人财务还是出现了很大的问题。我们小时候关系很好，他也一直非常努力，看他现在被债务所累，我很想帮帮忙。于是我向他隆重地介绍了您，他希望能够来香港拜访您，希望您能给他出出主意。”

我欣然同意，并补充道：“在实操中，我们常常过于重视资产，而忽略了债务。我们不断强调要买资产、让钱生钱，要节约开支、控制消费，却很少提及债务。事实上，要想财务安全，就要看净资产，即资产减去负债；**要想追求财务自由，又需要懂得利用良性债务加杠杆来提高投资收益率，加快资本的积累**。因此，债务管理也是理财的重要模块。”

“债务有什么好管的？有债，尽快还就是了。这不是显而易见的吗？有什么难的？”阿逊疑惑。

8.1　投资小白的四种债务迷思

8.1.1　屈从于习惯

我笑笑：“你知道吗？人是惯性动物，每天走哪条路上班，去哪几间餐厅吃饭，下班看哪几档电视栏目，日复一日，皆屈从于习惯。生活如此，理财亦然。巴菲特曾说：‘习惯是如此之轻，以至于无法察觉；又是如此之重，以至于无法挣脱。’

“习惯了一个月付那么多房屋贷款，尽管账上有闲钱，也不知道如何投资，却想不到要提前部分还款，就让钱一直在账上放着。甚至很多人不知道贷款是可以提前部分还款的，以为约定了每个月还款的金额和年数就不能变了。反而因为闲钱越来越多，下意识地增加了消费。或者为了逃过通胀，贸然去投资，一不小心就亏了更多的钱。”

阿逊说：“是的。我从来没听周围人提到过部分还款这档子事儿。”

我：“在香港，很多银行接受 5 万元起的部分提前还款，且不需要手续费。如果没有更好、更稳定的投资渠道，尽快减债，既能强迫储蓄，又减少了利息的开支。考虑到长期房贷抵消通胀的作用，在部分还款时，建议选择**减少每月供款金额、保**

持还款年限不变的方案。”

“这么说，还有别的选择？”阿逊问。

我：“还有就是保持每月供款金额不变，缩短还款年限。这种方法看上去利息总额少了很多，但如果算上通胀因素，反而不划算。况且每个月供款少了，你就能存下更多的钱，你的现金流就变得更好了。存下的钱可以再一次提前部分还款，或做其他投资。”

8.1.2 过自己负担不起的生活

我：“香港有很多商店提供 12 个月或 24 个月免息分期。这些分期化整为零，让你觉得购物毫无压力。一个 3 000 元的手机，24 个月免息分期，每个月只需付 125 元。不知不觉，你就会买更多。我们普遍认为钱一直在贬值，未来钱没有现在的值钱。所以，很多人会选择使用免息分期计划来购物。

“很多香港的年轻人拎着上万元的大牌包包，开着令人艳羡的名车，带着好几万元的名表，一身品牌服饰。背地里，每个月要还好几个免息分期，还完这些贷款后就剩不下钱了，根本无法再存到钱。

“无论你贷款是为了买房、买车还是买其他，都是把你未来的钱提前用掉了。**这些商业贷款，不管要不要支付利息，都使人不知不觉地过上了自己原本负担不起的生活。”**

8.1.3 现金为王，等机会抄底

阿逊继续问：“不是说‘现金为王’吗？等有了好的投资机会，手里的钱都还贷款了，就又会错过这个机会。”

我回答：“‘现金为王’前面还有一句，叫‘危机来临’，全句是‘危机来临，现金为王’。意思是，在危机来临时，即**在经济大幅动荡时，资产的价值会缩水，所以要尽快卖出资产，持有货币，等市场稳定时，现金就能买到更多的资产。”**

“就是等着抄底。”阿逊说。

我：“现金为王的前提是经济动荡，资产会大幅缩水。什么时候经济动荡呢？如

1997 年的金融危机、2000 年的科网股爆破、2003 年的非典、2008 年的金融海啸。现在经济相对平稳，货币超发造成了货币贬值，房价的暴涨就是源于对货币贬值的恐慌。你坚持现金为王，资产价格却暴升，你的实际购买力会不断下降。**所有的决策都要依托于背景，没有绝对的正确。**

“况且，人家‘现金为王’是卖资产后套现的现金，是实实在在自己的钱。等机会的时候，不但不用付利息，还能收利息。你这还欠着人家的钱呢，每时每刻都在付着利息。

“就算好的机会来了，如果你的投资能力不够，你能看出来它就是好机会吗？就算你能看出是一个好机会，你是否有能力恰巧抓住它？

“所以，**在投资小白阶段，与其为一个不知道什么时候到来，也不知道是什么的机会天天付利息，还不如踏踏实实地先减少债务。同时，尽快补上投资知识，以便有能力使用杠杆。**”

8.1.4　债务能抵消通胀

问题少年阿逊又提问道：“通胀率那么高，贷款利率那么低，精打细算的人不是应该把钱投资在有更高投资回报的地方，而不是选择归还贷款吗？”

我：“**每个决策都依托于适合的背景，也同样依托于执行人的能力。**要不要用贷款去投资，首先要看贷款的利息有多高；其次，投资的回报率有多高，能否稳定地高过贷款利息，风险能否承受。像你这样的菜鸟，还是不要考虑了。别以为只要投资就能赚钱，世界上没有稳赚不赔的投资，但贷款月供却是实实在在每个月要付的。因此，**贷款抵消通胀的前提是找到稳定的高于贷款回报率的投资产品。**”

8.2　负债的好处

阿逊继续问：“那你的意思是尽量不要借贷了吗？有钱就尽快还贷？”

我回答：“债务实际上是提前支取你未来的钱，就像坐了时光机一样，用支付利息的代价来帮助你解决现在的财务问题。利用好了，它是你撬动财富的杠杆。

“很多投资项目都有门槛，资金体量要求较大，比如房子或私募基金项目，负

债能帮助你跨越这个门槛，让你提前参与进去，节省了原始积累的时间。

“**当投资回报率高于利息时，你可以当债务是你的合作伙伴，一起去赚钱，之后收益分成。**如果你有100万元的本金，10%的收益只有10万元。但如果你从银行借了900万元，贷款利息是5厘，凑够了1 000万元，10%的收益就是100万元，扣除利息45万元，你能赚55万元，收益是不贷款时的5.5倍。

“负债是你的好兄弟，**能在你现金流出现短暂断流时拉你一把**，给你一笔钱，救救急。做生意常常会遇到现金流问题，钱都用来买货了，下家还没给你回款，上游却催你交钱，这时为了跟上游保持良好的合作关系，必须借钱填补窟窿。这时候贷款就能及时地帮到你。

“负债**能让你提前享受到更优质的生活**，提前买车、买数码设备。

“如你之前所说，负债还**能抵消一部分通货膨胀**。”

阿逊：“你刚刚说负债抵消通货膨胀是债务迷思，现在又这么说，怎么正反两方都是你？”

我：“负债抵消通胀的前提是你借了款之后用来购买抵抗通胀的资产，而不是在银行里存着。刚刚我们讨论的是，有余钱要不要还贷款的问题。如果你有余钱，却没有好的项目，又不还贷款，就在银行里放着，那么你收到的银行利息不如通胀，还要额外付贷款利息，这是双重伤害。有余钱尽快还贷，是针对你这种投资小白来说的。如果你努力学习投资方法，**在客观评估自身的投资能力和风险容忍度的前提下，贷款是加速财富积累的好方法。**

“但是债务就像水一样，能载舟也能覆舟。利用不好，不但会影响你的生活水平，甚至还会越缠越多，最后倾家荡产。”

阿逊：“对。就像我表哥那样，现在欠下周身债，不知道该怎么办。”

8.3 区分良性负债和不良负债

我：“**要想运用和驾驭债务，首先要分清楚哪一些是良性负债，哪一些是不良负债。**搞清楚了这个问题，才能对自己的债务进行合理规划——根据自身情况，综合选择适合自己的债务。”

阿逊：“什么是良性负债，什么又是不良负债？是不是房贷就是良性负债，信用卡、高利贷就是不良负债？”

我：“**不能简单地按贷款类别来分**。良与不良因人而异。”

阿逊：“不能按贷款类别？那要怎么分？”

我：“是不是良性负债，**要看支付的贷款成本是否低于机会成本**。如果低于，就是良性负债；如果高于，则是不良负债。”

阿逊：“什么叫机会成本？”

我：“所谓机会成本，就是**在面临多个选择时，被放弃的选择中价值最高的那个选择所带来的收益**。假设隔壁老王手里有 100 万元，他借了 10 厘的贷款没还。他这 100 万元，如果用来还贷款，就能省下 10 厘；用来买理财产品，只能获得 3.5 厘；买基金，平均能获得 8 厘；投资房地产，收息 2 厘，楼价涨幅年均 7 厘；投资朋友已运营成熟的餐馆，能获得 15 厘。”

阿逊的搞笑本性又开启了：“老王买了玛莎拉蒂，还有 100 万元？他家是隔壁哪一家？我想认识他。”

我笑了笑：“对我们来说，10 厘贷款已经非常高了，显然是不良贷款。但是对隔壁老王来说，他如果选择还贷款，收益是 10 厘利息，同时放弃了其他选择。而其他选择中，最赚钱的是投资已运营成熟的餐馆。投资餐馆的收益是 15 厘，就是还贷的机会成本。根据我们刚刚说的良性负债的判断标准，支付贷款后的收益 10 厘低于机会成本 15 厘，因此，对我们来说的不良贷款，对老王来讲是良性的。”

阿逊：“嗯，明白了。**凡是借了钱能带来正向收入的就是良性负债；不能带来额外收入的就是不良负债**。”

我：“总结得很好！所以，一般来讲，**用来消费的贷款都是不良负债**，如免息期过后的信用卡贷款、车贷、买商品的分期贷款。就算可以抵消通胀，也是有限的，如之前所说的，反而会不知不觉地让你过上你负担不起的生活，让你透支未来的收入，不断支付利息，没有余力储蓄。”

8.4 抵押贷款和信用贷款

阿逊："市场上有各种各样的贷款，你比较推荐哪种呢？我知道公积金贷款是最划算的，房贷利率也比较低，还有别的吗？"

我："市场上的贷款虽然五花八门，但大致可以分为两大类：**抵押贷款和信用贷款**。两者的区别看下面这张图（见图 8-1）。

	抵押贷款	信用贷款
贷款方式	抵押物做抵押	凭个人信用
贷款条件	提供符合贷款机构要求的抵押物	稳定的工作和收入
贷款额度	不能超过抵押物的市场价值	额度较小，个人月收入的10～20倍
贷款利率	较低	较高
贷款期限	最长三十年	一般三年，最长五年
贷款要求	抵押物符合要求	良好的信用记录、稳定的工作和较高的收入
放款时间	需要评估、抵押登记等手续，需要半个月以上	两三天
审核程度	较宽松	较严格

图 8-1 抵押贷款与信用贷款的区别

"**抵押贷款**，顾名思义，贷款时需要提供符合贷款机构要求的抵押物做抵押，比如房子、车子、机器设备等，有些保险产品和债券也可以做抵押。因为有了抵押物的存在，贷款机构所需要冒的风险较低，所以贷款利率也较低，允许的贷款年限也较长，可以为十年、二十年，甚至三十年。能借到的贷款额度最高不会超过抵押物的市场价值。对借款人的审核也没那么严格，只是由于需要评估抵押品，放款时间比较长，需要半个月以上。

"**信用贷款**，则不需要抵押物，根据你的社会信用和财力情况来评估是否放款，需要借款人有稳定的工作和较高的收入，具备按时足额偿还本息的能力。收入太低则不会被考虑。由于没有抵押物，贷款机构需要承担较高的风险。所以，贷款利率较抵押贷款高，允许的贷款年限也较短，最长才五年，毕竟归还时间越长，风险越高。发放的额度较少，通常是个人月收入的 10～20 倍。对借款人的审核也较严格，批复结果却很快，通常两三天就能知道结果。

“因此，**如果是临时现金流短缺，时间紧迫，可以采用信用贷款，等有钱了，尽快还上。如果打算借钱长期投资，则选择抵押贷款更好。**”

8.5　维护信用记录

阿逊：“我没房、没车，也没有仪器设备、保险、债券。看来要借钱，只能找信用贷款了。”

我：“除去那些利息超高的贷款，一般的信用贷款可不是你想借就能借到的。”

阿逊：“那要怎么办？”

我：“他们会**根据你的身份特征、行为偏好、信用历史、人脉关系和履约能力等因素综合进行评分，算出你的信用值**（见图 8-2）。信用值越高，给你批复的贷款额度越高。不是靠拍脑袋决定的，而是有一套系统的评估方式。所以，你**要在平时有意识地维护好你的信用，等到你投资能力足够，想要借杠杆时，才能立刻借到。**”

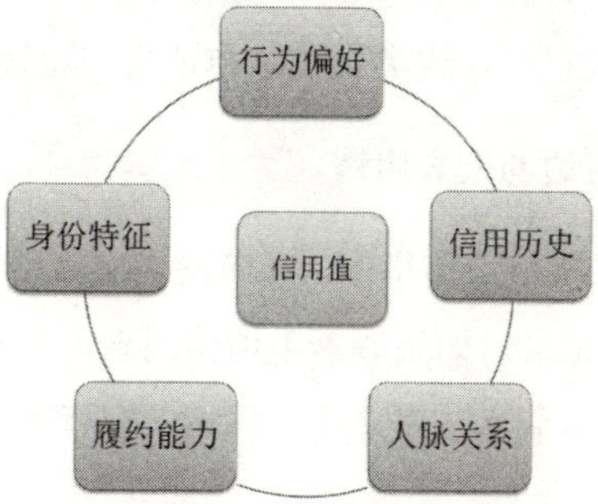

图 8-2　影响个人信用值的因素

阿逊：“我要怎么做？”

我：“首先，**我们得努力工作，尽可能在本职工作上有所晋升，提高自身的收入水平。**如果没有较高的稳定收入，一切免谈。而且信用贷款的额度是月收入的倍数，收入越高，可以贷到的金额越高。”

阿逊：“这个……我会努力，但不能强求。其次呢？”

我：“其次，**要准备一份良好的个人征信报告，这是评判一个人信用是否良好的重要依据。**”

阿逊："怎么准备？"

我："你有信用卡吗？"

阿逊："有好几张。自从跟你学理财后，发现自己每个月的消费太多，正准备全部剪掉呢。"

我："可不能全剪了，留一两张常用的。信用卡是不错的理财工具，给你几十天的免息贷款。消费时首选信用卡，并在免息期内全额还款。平时的流动资金就放在余额宝等理财账户里，养成先消费后还款的习惯。**不仅可以先利用银行的钱消费，还可以提高自己的信用度**。

"至于其他的信用卡，就去银行注销吧。信用卡办理后如果不使用，就会很容易忘记缴纳年费，从而产生信用逾期，被记录在案。**信用卡消费和准时还款是个人征信报告最简单的信息获取途径。**"

阿逊："那些没办信用卡的人呢？"

我："没办过信用卡，又没有申请过抵押贷款的人，信用记录会显示一片空白，被贷款机构称之为'**信用白户**'。这类人较难申请到信用贷款。"

阿逊："那我赶快叫身边的人去申请。"

我："不能在短期内频繁申请信用卡，每申请一次信用卡，银行就会查询一次你的征信报告，从而会留有记录。如果频繁申请信用卡，就会留下多条查询记录，从而使银行认为你急用钱。申卡通过率又不高的话，银行就会怀疑你的还款能力。"

阿逊："有意思，原来这里面还有这么多门道。"

我："日常消费应常用信用卡，不要长期不刷，一刷刷一大笔（如超过信用卡额度的 50%），这样会被银行认为有套现的嫌疑。

"**一定要记得在免息期内全额还款**，如只还一部分，剩余部分会收取很高的利息，通常都要十几厘。有个词叫'连三累六'，即**不要连续三个月或累计六次逾期还款**，如果出现这两种状况，就会被列为问题客户。水、电、燃气费及助学贷款也要记得按时缴纳，长期拖欠会被记录在档。另外，尽量别给他人担保，万一他/她没能按时偿还，也会影响你的信用记录。"

阿逊："哦！所以传统智慧'不做媒人不做保'是很有道理的。"

我："如果你维护好了你的信用记录，等你需要借款时，就会容易很多，也更容易得到较低利息的贷款。**银行给你批的利率，与对你还款能力的评估有关。**"

8.6　控制好负债收入比

我："还有一点，还记得讲家庭财务报表时提到的负债收入比吗？"

阿逊回答："**负债收入比=月负债支出/月收入。**"

我："对。我之前说过，如果负债收入比低于 40%，则说明家庭能够应付债务；如果低于 20%，则可以适当增加低利率的贷款，如给房子加按，以抵消通胀，并投资稳定且收益高于贷款利率的债券或理财产品；如果超过 40%，则意味着负债过高，已超过家庭的承受能力，要进一步控制消费，增加收入，尽快提前清掉一部分债务。"

阿逊："我明白了。当有了一定投资能力后，可以靠贷款来投资，但月供占收入的比例不能超过 40%，不能低于 20%。"

我："40%是一个参考数值。事实上，**不同年龄的人承担风险的能力也不同。**30 岁以前收入不高，偿债能力较弱，银行也不会给你太高的额度（那些高利贷我们暂且不论）；30～45 岁收入较高，抗风险的能力强，也有足够的偿债能力，负债比例可以适当上浮，设定在 40%～50%；45 岁以后，要考虑退休了，就不能再承担太高的债务，应适当减债，可以设定在 35%～40%。"

我："就算是良性负债，负债收入比依然要控制在参考数值范围内。**因为投资都有风险，负债却一定要还，要给自己留有余地。**"

8.7　建构负债的良性循环

阿逊："嗯。要想管理好负债，首先要区分良性负债与不良负债。其次，维护好自己的信用记录，努力工作，努力培养投资能力。在小白时期，有余钱就还债。等到投资能力提高了，就可以伺机而动，在发现投资机会时，及时从银行借到良性贷款。对吧？"

我:“是的。当你学会了如何管理负债后，你财富的积累速度就会加快，你就会变得更富有；你越富有，贷款机构对你还款能力的评估就越高，可贷款的额度也就越多；你拥有的资源越多，圈子越大，需要调用的资金也就越多，因此又再次增加贷款。**这样就形成了良性循环**（见图 8-3）。每循环一次，你的资产就会越多，贷款机构对你还款能力的评估就会越高，也因此就有了大家常说的‘越有钱，借越多钱’的说法。”

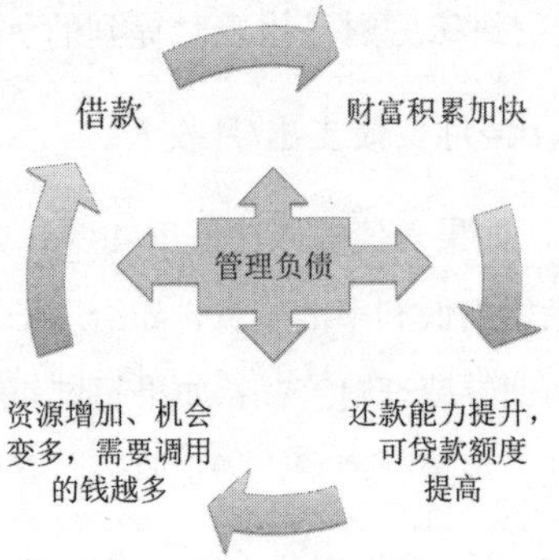

图 8-3 负债的良性循环

8.8 五步债务消除计划

隔了一周，阿逊的表哥子安如约而至。子安与阿逊不太相像，中等身材，有些消瘦，看上去比阿逊大了好多。如果说阿逊是上午明晃晃的太阳，子安就是晚间的半弦月，沉静内敛，却不乏精神气。

一如之前阿逊介绍的，七年前，子安在深圳创办了一家电子科技公司。头三年，生意非常好，公司迅速扩张，高峰期请了一百多位员工，外包好几条生产线日夜赶工。赚的钱都压在扩大再生产上，资金周转不过来的时候，找银行借短期贷款救急是常事儿。企业生意好，银行自然也愿意借给他。一来二去，需要钱找银行和有需要找警察一样深入他内心。

不知不觉，企业越来越大，负债也越背越多。后来，公司要买一套新设备，银行认为公司的负债比率已经很高，再借款需要公司法人个人担保。子安对公司的前景充满信心，毫不犹豫地就签了。

然而好景不长，技术更新换代太快，眼看主打产品市场越来越窄，公司试了几次改变研发方向，都没有成功。经济形势转差，下游销售不佳，应收款迟迟收不回来，眼看工人要发工资，要继续买原料维持生产，处处都要花钱。他以为和往常一样，咬咬牙，资金腾挪一下，很快就能熬过去，于是抵押了自己的房和车，又在信贷中介处借了高息的贷款。

因为经营业绩不好，银行很快闻风上门追还款，供应商催货款。到后来，他还向亲朋好友借了不少钱。可惜还是熬不过，一年前公司宣告破产了。一部分债务因为有限责任，不用再还。但后来那些用个人名义担保和借的款，却依旧要还。

这一年来，凭借之前的一些资源，子安做一些简单的倒买倒卖生意，赚了一些钱，但远不够还贷款，贷款利滚利，使他觉得异常灰心无助，不知如何是好。

听完他的叙述，我也深深地叹了口气，心中仿佛有团乌云沉沉地压着，透不过气来，但却又觉得他那瘦削的身板下透着一股倔强和不屈。世事多舛，时运不济，让人颇为唏嘘。他的情况已经不再是简单地分清良性债务与不良债务、用债务杠杆投资、还信用卡的小问题了，**各种类型的负债还款期不一，利率高低不同，如一团乱麻缠在一起。要想解决，就要从梳理债务开始。**

美国有一位理财达人 Loral Langemeier 介绍过一套“五步债务消除计划”，这种方法适用于负债累累、只能支付最低还款额的人群。这个计划并没有不切实际地让人一下子完全改变现状，而是在目前的还款情况下，稍微做小小的优化，非常有操作性，具体步骤如下。

1. 用 Excel 列出全部债务（见图 8-4）

债务名称	所欠总额	每月最低还款额	利息	权重
信用卡贷款a				
循环贷款b				
车贷c				
民间借贷d				
信用卡贷款e				

by 艾玛·沈

图 8-4　列出全部债务

2．计算各项债务的权重

比如，你欠了 6 000 元的信用卡债务，每月最低还款额是 200 元，那么权重就是 6 000/200=30。

3．按权重高低排序

把权重最低的放在首位，按升序列出各项债务，最后为权重最高的债务。列出的次序，就是之后的优先偿还次序，如图 8-5 所示。

偿还次序	债务名称	权重	所欠总额	每月最低还款额	利息
1		10			
2		22			
3		34			
4		50			
5		60			

by 艾玛·沈

图 8-5　按权重排列债务

4．起跳分配

通常债务缠身的人每个月只能偿还各项债务的最低还款额，以致在利滚利之下，债务越滚越大，完全负荷不了。在排序结束后，债务人在每月依旧偿还各项债务最低还款额的基础上，从当前花销中节省出 200 元（或其他可能实现的金额，称为“起跳金额”），并将省出的 200 元（起跳金额）分配给债务列表中的第一项。这样，债务人不必完全改变当前的习惯，只需要将消费金额降低一些，或消费频率放慢一些即可实现。

5．债务支付

在每月偿还债务时，与以往不同之处在于，排列表首位的债务，除原先的最低还款额外，加入了节省出来的 200 元（起跳金额）。还清第一笔债务后，把原本还第一笔债务的最低还款额和起跳金额全部作为排列表第二的债务的还款金额。也即：

原本排列表第二的债务的最低还款额 + 已还完的排列表首位的债务的最低还款额 + 起跳金额 = 排列表第二的债务的每月还款金额

以此类推，越往后，还款就会越轻松、越迅速。

在这项计划中，**列清楚每个月的最低还款额非常重要，且增加的起跳金额必须是具体的数目，每还完一项债务后，之前用来还债的金额必须持续保留在“债务偿付库”，不可挪作他用，且必须持之以恒。**

听完我的介绍后，子安答应回去试一试：“以往都是哪个债主上门追了，我就挤一点给他。东还一点，西还一点，从来没有想过把贷款按利息高低排一排，先重点还最高利息的，也没想过每个月都还各项债务的最低还款额。的确，如果每个债主每个月都能收到一点还款额，他们就不会逼得我这么急了。你这个主意很好，谢谢你！”

“希望你能尽快走出这个泥潭。”与他告别时，看着他没入夜色的背影，我在心中默念：烧不死的是凤凰，走出泥潭的是圣人。希望他摆脱债务后，能重建辉煌。

本章知识点

本章我们分享了身陷债务泥潭的小企业主的故事。

- 投资小白的四种债务迷思。
- 负债的好处。
- 区分良性负债和不良负债。
- 抵押贷款和信用贷款的区别。
- 维护信用记录。
- 控制好负债收入比，并根据不同年龄对风险承受能力不同做出调整。
- 五步债务消除计划。

本章练习

- 根据五步债务消除计划梳理自己现有的债务。
- 区分自己的债务是良性负债还是不良负债。
- 制订自己的减债计划。
- 审视自己的信用状况，找出可以改善的地方。

第3篇

进阶篇

挖掘财商潜力，建构适合自己的财务体系

第 9 章

你家也有财宝正在角落里呼呼大睡吗

第一次见敏敏，只见她个子高挑，肤色白皙，长发及肩，加上一袭浅灰色布衣，颇有些灵秀和文艺气。我便猜，她应是艺术工作者。果不其然，她有一个小画室，平日里以教孩子们画画为生。

敏敏今年 30 岁，常驻广东，原籍湖北。她育有两子，长子五岁，在湖北由公婆照顾；幼子刚出生，带在身边。因画室生意不错，感觉有些分身乏术，于是先生辞了工作，在家帮忙照顾幼子。她虽日日与琴棋书画打交道，但因手握经济大权，在家却也是个做主的，柴米油盐都要一起管着。

敏敏常读我的专栏。有一天，她主动找我，希望我能给她一些理财的建议，于是我们一起梳理了一下。

9.1 状况剖析

9.1.1 七个问题

问题1：月收入多少？

敏敏：我七年前开始创业，开了一个画画培训班，年收入10万元左右（月收入约8 000元）。我先生属于“今朝有酒今朝醉”的类型，花钱大方，追求生活品质。他之前是做保险理赔的，一年收入也有10万元。但现在暂时不做了，在家帮忙带孩子（曾经月收入约8 000元）。

艾玛点评：工作室已经开了7年，应该已有稳定的客源和口碑，过了艰难的生存期，是时候找方法突破瓶颈、扩大业务了。幼子刚出生，先生暂时帮忙带孩子，等孩子长大些，就又可以出去工作，曾经月收入8 000元，说明能力比较强，可以挖掘潜力，或利用在家的时间做适当积累，厚积薄发。

问题2：月支出多少？

敏敏：我这边没算账，应该都是一些生活成本和画室的开销。收了钱，有收据，剩下的就是自己的。我是生活简单的人，在画画工具上舍得投入，其他的比较容易满足。我先生以前虽然一年也有10万元收入，但开销大，只能剩下5万元。我一个人能存到钱，一家人就存不到钱了，也不晓得钱都花到哪里了。

艾玛点评：大多数人都非常了解自己的月收入，但很少有人能够清楚地掌握具体的支出情况。不仅如此，还常常低估了花费的总金额。最常见的现象是信用卡消费。很多时候，账单到手后就会傻眼：“这个月好像没花多少钱啊，账单上的总额怎么这么高？”容易被忽视的通常都是一些小额费用，每笔虽然不多，但积攒下来却远超出自己的想象。

问题3：有多少资产？

敏敏：我自己有股票40万元，亏了3万元。我先生和我有一个共同账户，共20万元，其中我存了12万元，先生存了4万元，他父母、姐姐存了4万元，这个账户亏了2万元。我还在基金账户里存了18万元，亏了几千元。另外，还借给两个弟弟5万元。

敏敏：此外，现金有 10 万元。一套房也没有，看了很多，没买。我想在广东买，我先生想在老家买，犹豫中房价翻了几番。

艾玛点评：我们通常把股票、基金、房子、车子都称为“资产”，但资产也有好坏之分，同样的资产，在不同的人手里好坏也不同。比如，对于善于投资股票的人来说，股票、基金能源源不断地带来收益，就是好资产。从敏敏的以往战绩来看，股票和基金并不算好资产。

此外，敏敏资金不多，却分散在不同的投资产品和账户中，难以起到集中力量出重拳的效果。

问题 4：有多少负债？

敏敏：我生活很简单，没有乱花钱的习惯，车也还没有买，属于节俭型。上学时贫困，穷怕了。就是父母和姐姐给了 4 万元一起炒股。

艾玛点评：一般家庭的负债主要是房贷、车贷、信用卡贷款和亲戚间的借贷。只有少数生意和家庭事务混在一起的，或有不良消费习惯的人，负债才会复杂一些。

问题 5：其他还有什么？

敏敏：在湖北老家，他父母有一栋自建房。以前存了点钱，想买房，他父母就在楼上加盖了一层。现在属于违法建筑，也因此错过了楼市疯涨的那趟车。

艾玛：还有其他的吗？比如社保、公积金这些？除两个弟弟外，还有人欠你们钱吗？

敏敏：我在工作地交了 5～6 年的社保，先生没有交。先生和孩子都在老家交了城镇医保。没有公积金。

艾玛点评：这个问题很有趣。很多人一开始都回答“没什么”，但越聊就会发现越多。有些个案还找出家里祖上留下来的铜钱、邮票，几年前朋友借的款，等等。工薪族常常会因为跳槽或去其他城市打工，而忘记了遗留在当地社保账户上的社保缴纳金，还有一些不常用的银行卡或曾短暂工作的工资卡上的存款。

问题 6：想要什么？

敏敏：在广东的画室坚持得很累。刚开始创业的时候，附近只有一家培训机构，到现在周围有十几家了，竞争很大。我先生要我回老家。他喜欢家里，县级市，风景好。所以，我打算把广东的画室转让了，停一停、歇一歇，再出发，看看干什么。

敏敏：听到一个朋友说，她儿子大学学费就要12万元/年，生活费3 000元/月。四年下来，就要把家底吃完了。当年，我和大弟一起读大学，就是把老爸做生意的老本都花光了，老爸才又要出来打工。我不想以后两个孩子也把我的养老金花光，老了还要出去看人眼色做事。所以，我要未雨绸缪，计划从现在开始，每年给他们俩存1万元，18年就有18万元，再加上利息，总能读个大学，说不定还能读研究生。我当时就好想读研究生，无奈家底早空了。

敏敏：我存够100万元就休息，未来想过有钱、有品质的生活，不用再担心钱财，可以画些画，交些朋友。

艾玛点评：对教育投入的成本估计太低了。通常大家都会低估通胀的幅度，学费每年快速增长，生活费也涨得厉害。现在过于保守，未来就会很被动。就算孩子平时很节俭，读书时勤工俭学，18万元加利息也很难支撑他读完大学。

未来希望不靠画画为生，且没有经济压力，那么到底每个月要有多少被动收入才能维持这种生活呢？存100万元就休息，为什么是100万元？这个数字是怎么来的？不能拍脑袋就决定，要动笔算一算。比如，不开画室以后，每个月衣食住行预计花多少？孩子教育投入要花多少？自己退休时的医疗保障要准备多少？现在老人都还健康，没有负担，以后他们逐渐老去，医疗费会大大增加。只有有了清晰、量化的数字目标，才能更好地安排现在的工作。

问题7：你有哪些可以立刻变现的技能？

敏敏：我喜欢画画，但以后不想再以画画谋生，希望能享受画画的过程，不用考虑钱的问题。我擅长教孩子们画画，孩子们也挺喜欢我。先生以前是做保险理赔的，在这方面比较有经验。

艾玛点评：除非有足够的被动收入支撑生活，否则但凡转型，都不能凭空跳跃，切忌放弃自身所长和以往的积累。

9.1.2　状况总结表

根据前面的七个问题，我们可以制作如图 9-1 所示的状况总结表。

敏敏的画室过了初创期，收入相对稳定，但年收入只有 10 万元，这对于一个四口之家来说，收入不高，财富还处于原始积累的早期。

日常费用没有记账，对未来的花费估计过低，以至于目标设得过低，对未来生活过于乐观。因为目标设置错误，未来的路怎么走，也就有了偏颇。敏敏的三大目标：资产达到 100 万元；攒够两个孩子读到大学的教育基金；可以享受画画，而不用工作。这三个目标一个比一个难，需要计算清楚实现这三大目标到底要多少钱，才能更好地指导未来的方向。

五年期目标		
*资产达到100万元		
*攒够两个孩子读到大学的学费		
*敏敏可以享受画画，不需要工作，但依然能够获得投资收入，维持生活		
月收入		**资产**
敏敏	8000元	敏敏股票账户：37万元
敏敏先生	暂无	共同账户：18万元
		基金账户：18万元
		现金账户：10万元
		应收款：5万元
收入总计：8000元		资产总计：88万元
月支出		**负债**
估计支出：8000元		欠亲戚：4万元
		负债总计：4万元
支出总计：8000元		**净资产总计：84万元**
技能	画画、儿童培训、保险理赔	
其他		
先生曾有8000元的月收入		

图 9-1　敏敏的状况总结表

9.2 财富的两驾马车

敏敏的前两个目标相对较容易，慢慢存上十几年，总能存到。但是，她的第三个目标，想要不工作，生活又不被钱财所累，却是大多数平民百姓毕生的愿望——实现财务自由。前面已经提到，财务自由就是被动收入大于生活支出。要想实现这个目标，就要购买资产，让资产产生源源不断的稳定的正向现金流，让钱为你工作。

9.2.1 第一驾马车：购买好资产，带来稳定的被动收入

自从罗伯特·清崎的《富爸爸穷爸爸》一书问世以来，引起了大众对资产的广泛追捧。忽如一夜春风来，每个人都在谈“财务自由”，都争先恐后去购买资产。但很多人却不知道，资产也分好坏。

在第 7 章中我们讨论了广义资产、有效资产和值得积累的资产之间的区别。我们提到，自用性资产，如自住房、自用车等，不能带来现金流，所以是不良资产，满足需求即可。能够在一段时间内持续带来经济收益的资产，被称为有效资产，俗称好资产。比好资产更好的是**值得积累的资产，即除能在持有期间产生现金流外，其产生的整体收益会随着时间有所增长，且增长速度比通货膨胀快——这才是我们值得长远积累的资产。**

譬如，同学小江有一辆 50 万元的宝马，出门特别拉风。很多人会把汽车归类为资产，但新车一落地，市场价值立刻就打了七折。不仅如此，每个月油费、停车费、维修保养费、保险费等如流水般支付出去，只会带来负现金流，因此属于不良资产。

再如，隔壁老王五年前花 200 万元买了一套 100 平方米的自住房。一家四口，刚好够用。五年来，房子市价升到了 600 万元。老王看着不断上升的房价，觉得自己的资产已达 600 多万元，离千万富翁的目标已是不远，心里喜滋滋的。但事实上，自住房是刚需，一家四口一定要找地方住，100 平方米已经有些勉强。除非卖了它，搬去便宜的区域，否则这 600 万元就只是数字上的幻象。如果你在同等生活水平的区域居住，卖了房套现 600 万元，你必须支付租房的租金，以及承受房价上涨、再难用同等价格买回房子的风险。因此，老王家的自住房是资产，却不是好资产，可以用来保值、增值，但却难以套现，更不能每个月带来正向现金流。

还有一些有价无市或较难出手的收藏品，如邮票、历史钱币、画作等，有一天或许能卖出好价钱，但平时却无法带来稳定的收入。这也不算好资产。

有些资产，对某些人是好资产，对另一些人却不是。如之前提到的，对善于投资股票的人来说，股票能源源不断地带来收益，就是好资产；对股票小白来说，时不时被割一把韭菜，就不算好资产。又如那些非自住房，如果能出租，不需要月供贷款，或者租金高于贷款，就是好资产；但如果买来租不出去，寄希望于房产升值而一次性获利，这种资产就不是好资产。无法出租，它的抗跌能力就比较弱，楼价一旦下跌，这一类房子就会最先受到冲击，跌得也最多。

好的资产是那些能够带来稳定的、持续性收入的资产，像稳定派息的股票、以一揽子租金收入为主的 REITs、固定收益资产（如定息企业债券）、收租物业等。用收回来的利息再分散投资到其他具有增长潜力又稳定派息的资产上，利用现金流和复利滚雪球。这些稳定的收入才是真正的被动收入，一旦超过了你的支出，你就达到了财务自由。

很多人工作没多久，就迫切想增加被动收入。有一点本金就开始贸然投资，买股票、买基金。然而，被动收入增长的幅度依赖于本金的多少、投资收益率和时间的积累。刚开始工作，本金很少。比如 10 万元本金，就算收益率有 10%，一年也不过增加了 1 万元；而 100 万元本金，收益率只要 1%，就能增加 1 万元。

更何况，刚开始投资没经验，亏得多、赚得少。人云亦云，听说投资股票赚钱，就去投；听说基金好，就去买。大多数人都习惯记住赚钱的开心时刻，亏的时候就守着，期望有一天能翻本，却没有仔细算过账，到底平均年收益有多少。

因此，尽管被动收入的确越早投资越好，但不应该是财富积累初期的重点。**财富积累的早期，应该尽自己最大的努力去增加本金，**如尽快提升自己的能力，争取升职加薪，或经营好自己的小生意。买股票、非指数基金这些风险较高的投资，适合本金较多时再开始。

9.2.2　第二驾马车：找到自己的“摇钱树”

既然资产产生的被动收入不能快速增长，需要长期积累，那么要想快速增加财富，还需要找到适合我们自己的“摇钱树”，也即创立一个自己的生意。

很多人本可以在自己熟悉的领域获取财富，却往往因一时向往，投入了一个全新的生意。很多女孩梦想开一家咖啡馆，因而放弃了自己所长，在没有任何管理和经营生意的经验的基础上，就投资开了一家咖啡馆。好的结果是走了很长时间的弯路后终于能盈利，然而大多数都很快倒闭或转让了。敏敏擅长的是画画和培训，她却打算结束生意回老家，期望以后不再用画画、培训来赚钱，而想通过完全没经验的投资来赚取收入。

在开始想要的生活之前，我们必须先学会赚钱。而要赚钱，一定要立足于自身的长处。先找到可以在一个月内变现的技能，在这个技能的基础上，慢慢学习如何做生意、如何管理。之后再将这个技能应用到其他领域。

敏敏最擅长的就是画画，其次是培训。画室已经能提供稳定的收入，虽然面临越来越激烈的竞争，但只要能**拓宽业务思路、走差异化路线、找到新的盈利点**，还是有很大的空间的。

因此，两驾马车相比，现在的重点是把“摇钱树”——画室经营好，快速增加本金。

9.3 挖掘沉睡资产

9.3.1 找出闲置的资产（每月收入合计增加 4 600 元）

1. 闲置的教室（每月收入增加 3 000 元）

艾玛：你们还有闲置的资源吗？不一定要有所有权，拥有较长期的使用权即可。

敏敏：我租的工作室有三四间教室，基本我们只用了一间。

艾玛：租约还有几年？

敏敏：还有 3 年。

艾玛：至少可以出租两间，留一间等自己的画室扩大经营时使用。那两间教室，预计每月可以收多少租金？

敏敏：两间应该能租 3 000 元/月。

艾玛：恭喜你，找到了第一份稳定的被动收入来源。光这一项，已经是你目前收入的 37.5%了。还有吗？

2．闲置的住房（暂不考虑）

敏敏：我公婆除自住的一间公寓外，还有一间小公寓，我们每次回家时住，还是学区房呢。

艾玛：能租多少钱？你们经常回去吗？

敏敏：因为房屋质量不是很好，只能租五六百元。我们两三个月回去一次。

艾玛：这个出租难度比较大。两三个月回去一次，频率还挺高。不但要找地方安置自己的私人用品，回老家还要与公婆挤在一起，并且回报率又不高，暂时不考虑。还有别的吗？

3．闲置的画作（每月收入增加 1 600 元）

敏敏：我的画算不算？可以放在画廊售卖，就算低价出售也不错。

艾玛：当然算。有多少幅？

敏敏：十几幅。

艾玛：这么少？你不是一直在画吗？应该每天都有画作吧？

敏敏：这十几幅，我觉得画得比较好。

艾玛：那这就是大师级的作品了。假设一年画出十幅，在画廊售卖，一年内卖出，均价 800 元。那么一年也有 8 000 元，平均到每月也有 600 元。

画室的副产品就是产生大量的画作。这也是闲置资产。除大师级作品外，还有大量的习作。其中有画得没那么好，但对普通人来讲已然不错的老师的作品，还有充满童趣的孩子们的作品。如果单幅纸张较难卖出，可以教他们在不同的日用品上作画。比如无印良品那种最简单的纯色胶盒、胶杯，配上童趣的手绘，应该很受欢迎。

隔一阵子，可以选画得好的画作去闹市区摆摊售卖。让孩子们自己卖，卖画的钱，谁画的归谁。活动本身也给画室做了广告，同时令孩子们充满兴趣和成就感，顺便也解决了孩子家里习作堆积、舍不得扔的难题。

孩子们在日用品上绘画，也能学习在不同材质上作画的经验，使其保持新鲜感，让孩子们爱上画画。至于材料，可以让家长买单，等在上面画画后再溢价出售，想来家长也会支持。控制好材料的采购成本，也能成为利润的一项来源。怕孩子们的成果卖不出去？放心吧！家长和亲朋好友们，以及充满爱心的路人们绝对会帮你解决这个问题。

这样，画室也有了区别于其他培训班的特色，可乘机打造自己的品牌。而作为老师的敏敏，在上课时，孩子们画一个，老师应该能完成好几个。漂亮的手绘日用品，夹杂在孩子们的画作中绝对抢眼球，很快就能卖掉。一天画两个，一周五天就有 10 个，一个月就有 40 个，赚 1 000 元绝对是顺手的事。

因此，敏敏的大师之作和课堂的副产品，每个月可以带来总计 1 600 元的收入。

不过，画室要发展，一个人肯定忙不过来，尤其是要拓展新业务，寻找新的盈利点。你必须懂得“舍得”的道理，有舍才有得，把基础性的、耗时较长的工作外包给别人来做，比如请其他授课老师来给孩子们上课，自己去拓展新业务，去找画廊和日用品商店合作。敏敏先生之前是做保险理赔的，沟通和逻辑能力应该都不错，他也许是一个很好的业务员和采购员，那样他不需要再出去找工作，同时也可以帮忙照顾孩子。

9.3.2 盘活业绩不良的资产（每月增加 3 000 元）

艾玛：我看你目前的资金主要投资在股票和基金账户上。

敏敏：我先生还是蛮有抓住涨停板的能力的。2015 年大市好的时候，赚了两三万元。后来大市跌了，才亏了五万元。

艾玛：不能否认，肯定存在一些真的非常善于在股市冲浪的天才。我不了解你先生的情况，但从结果来看，你先生的收获与大市的起伏关联很大。大多数人都习惯记住赚钱的开心时刻，亏的时候就守着，期望有一天能翻本，却没有仔细算过账，到底平均年收益有多少。总共 88 万元的资产，一年赚了两三万元，另一年亏了五万元。收益率有多高，不是在心里想的，要拿笔出来算一算。你又如何知道接下来将会是一个牛市，还是熊市呢？

艾玛：相反，如果你拿这 88 万元回老家市中心买房子，会怎样呢？现在那里房价多少？小户型能租多少？

敏敏：目前只要 6 000 元/平方米。小户型，每个月月租 1 500 元左右。

艾玛：那 88 万元足够买 2 套 60 平方米左右的小户型了。这样，你每个月又能多赚 3 000 元。当然，选房子有选房子的专业技巧。你第一次买房，要选自己熟悉的区域。建议假装成租客，去意向楼盘探探路，看看空置率有多高、租金多少、周围交通如何、购买日常用品是否方便，等等。

9.3.3 寻找沉睡资产的诀窍

沉睡资产，并不一定“高大上”，不是只有家里有空闲房产可供出租的才算。只要你有心，每个人都能找到。

比如，你在存买房的首期款，在转账出去之前，在你手里都是沉睡资产。你可以用来购买保本类的短期理财产品。如果你已经有一套房产，且没有贷款，并且有较安全、稳定的投资渠道，且收益高过房贷利息，那么这套房子也是你的沉睡资产，你可以用它去银行贷款套现，进行其他投资。

比如，每个月收入扣除支出后的净现金流，在汇集成较大投资额进行专项投资之前，也是你的沉睡资产。你可以用来购买一天提现到账的余额宝、国债逆回购等超短期且低风险的投资产品。

比如，利用拼车 App 共享你的车程，利用 Airbnb 把不用的房间临时租出去，这都是沉睡资产的再利用。

比如，租了房子做二房东，在业主同意的前提下，多隔几间房，拆分出租。

比如，把家里不用的物品放在闲鱼等二手交易平台上售卖。

你甚至可以出售闲置时间，做斜杠青年，在空余时间做当地导游、家教、进行写作，等等。

9.3.4 动笔算一算

敏敏：不是说因为货币一直在贬值，贷款比较划算，而且贷得越久越好吗？为什么你建议我把钱全部拿来买楼呢？

艾玛：没错，钱越来越贬值，房屋贷款利息相对较低，拉长 30 年，可以抵消贬值的幅度。但有一个前提，贷款以后，你懂得如何利用剩下的钱进行投资，且投资利息要高过贷款利息。

前几年，中国内地理财产品收益比较高，基本都在 5 厘以上，人民币也坚挺。而中国香港房贷利率只有 2 厘。于是我就加大了贷款，转到内地投资理财产品，稳稳地赚取了 3 厘利差。后来，人民币开始贬值，理财产品的收益也逐渐降低，我就不再加大贷款了。

所以，到底要不要贷款，因情况而异。最大的决定因素是能否找到高于贷款利息的稳定投资。在本金较少、投资经验薄弱的情况下，切忌用杠杆贷款去购买高风险的股票和基金。

敏敏：把钱全部拿去买楼后，我手头就没钱了。

艾玛：手头紧的时候，最容易存到钱。而且，你每个月的租金是实打实地多了。这些收入再投入资产，利滚利，时间一久，收入非常可观。

敏敏：看过一些文章，说租客不珍惜房子，毁坏房间物件，租金都不抵房子和房间物件的损失。

艾玛：做任何生意都有成本。你当这个损失是房地产生意的成本就行了，比别的生意成本低多了。租上七八年，再粉刷一下，也没有多少钱。毁坏的物件值多少钱？跟收的租金相比差多少？别停留在想上，很多事情动笔算一算就清楚了。

9.4 调整后的结果

下面让我们来看看，在找出沉睡资产和盘活业绩不良的资产后，敏敏的收入状况如何了，如图 9-2 所示。

五年期目标			
*资产达到100万元			
*攒够两个孩子读到大学的学费			
*敏敏可以享受画画，不需要工作，但依然能够获得投资收入，维持生活			
月收入		**资产**	
培训班收入	8000元	在湖北老家市中心购买两套60平方米的小户型并出租，预计有10%的房价涨幅	
出租闲置教室	3000元		
卖出闲置画作	600元		
卖出日常习作	1000元		
房租收入	3000元	应收款	5万元
收入总计：15 600元		资产总计：88万元	
月支出		**负债**	
估计支出：8000元		欠亲戚：4万元	
		负债总计：4万元	
支出总计：8000元		**净资产总计：84万元**	
技能	画画、儿童培训、保险理赔		
其他			
先生曾有8000元的月收入			

图 9-2　调整后敏敏的收入状况

经过这一轮调整，尽管敏敏暂时还不能放弃画室的工作，她的先生也没有再去找工作，但每个月的收入已经翻了一番，且被动收入已非常接近每个月的支出，很快就能实现财务自由。如果她肯用心经营画室，那么五年内绝对能完成她的财务目标。

无论是敏敏还是我，对这个结果都很意外，可见挖掘生活中闲置资产的威力。敏敏高兴地直乐呵：“真应该早点认识你，我错过了多少机会。”

我：“你记得把每个月新增的收入都存起来，作为你下一步投资的第一桶金。”

敏敏：“是呀，每个月收入翻了一倍，应该很快就能存下一笔钱。之后我再投资什么好呢？有什么稳定的投资渠道可以介绍给我吗？还是继续买房子？”

我：“小城市的房地产不建议持有太多，人口净流入不够，只适合在市中心买一两套。”

敏敏：“可是广东这边的房价太贵了，根本买不起。”

我:“其实有一种方法，可以让你只用一点点钱，就能搭上房地产这艘快船，而且还没什么风险。”

敏敏一脸狐疑，怀疑又遇到一个旁氏骗局:“有这样的好事儿？艾玛，你不是骗人的吧？”

9.5 没钱买房，也能分房地产一杯羹

有一种投资门类在国外很流行，但在中国才刚刚开始——**很多人把钱凑到一起，交给一个团队来管理，去投资房地产，赚到的钱大家分，这就是 REITs 的基本模式**。中文叫“**房产信托/地产信托**”，英文全称是：Real Estate Investment Trusts。

9.5.1 什么是 REITs

（1）它等同于股票或基金，可以在二级市场上随意买卖。与股票和基金一样，金额较小也可以参与。

（2）它是收租股，不是地产股。地产股可以靠收租盈利，也可以靠建造和买卖楼宇盈利。REITs 主要靠收取房租盈利。REITs 管理的房地产可以是住宅、写字楼、商铺、工厂大厦、酒店、车位、菜市场、货仓，甚至是医院和监狱。

证监会对信托的股息分配比率下限有明确规定，如香港证监会就要求香港的 REITs 派息率不得低于租金（扣除运营费后）的 90%，其他国家、地区也相差不多。而地产股派不派息、派多少息，都由公司管理层决定。

证监会对 REITs 的借贷比率也有限制，只能占总资产的 45%，比较安全。而地产股则没有相关限制，借贷比率由市场和管理层决定。

（3）它是高息股，必须把绝大多数盈余用来派息。它收回的所有租金减去运营开支后，最少必须以 90%作为股息分发给投资者，因此股息率都比较高，而且相对稳定。

总之，REITs 是股票的一种，**在股票市场上向公众集资，用作投资房地产，收取租金后定期分配现金股利给投资人；如果卖出房产，收益或损失也都按比例归投资人**。

与普通房地产买卖不同的是，**购买 REITs 的人不拥有房子的产权**，不过，也不需要像买卖房子一样经过漫长的几个月，甚至半年的交易期，如股票一样，**流动性很强，随时可以脱手**。

与普通房地产一样的是，**可以获得收租和房价上升的收益，同样可以对抗通货膨胀**。

9.5.2　REITs 适合哪些人

（1）看好房地产市场，却没有足够资金的人。

（2）想参与房地产市场，但却担心现在入市房价太高而风险过高的人。

（3）对房地产领域不了解，却想参与房地产市场，并想有专业人士打理的人。

（4）嫌房地产买卖手续太麻烦、时间太长、管理太麻烦的人。

（5）喜欢安全、稳定的收益，但又想要跑赢通胀的人。

9.5.3　REITs 收益如何

和普通房地产一样，REITs 的收益分为两部分：一部分是 REITs 净值的增长，如同房子的房价上涨；另一部分是分红收益，如同房子收租。不同的 REITs 分红的频率不同，有每月一次的，也有每季度或半年一次的。

普遍来讲，REITs 的收益皆低于股票、高于国债和地方债。根据历史数据，过去 40 年 REITs 的平均年复合增长率大多数都跑赢了各国指数。

9.5.4　REITs 的风险如何

收益和风险是正相关的，因此 REITs 的风险也低于股票、高于国债和地方债。

REITs 持有多个物业，且分散在不同地区、不同类别，从而使风险得以分散，比全部资金投入一套房的风险要小很多。

REITs 的管理人是专业从事房地产投资和管理的，对如何选择更好的投资目标，比我们要专业很多，因此比我们直接投资房地产风险更低。

当房地产行业下滑时，你可以立刻卖掉 REITs 止损，而直接购买房产要立刻套现则比较难，除非大幅度折价。

9.5.5 如何购买 REITs

中国内地从 2014 年开始尝试发行“类 REITs”产品，但由于相关法律法规不完善，产品无法在二级市场上交易流通，因此还不是真正意义上的 REITs。

如要购买 REITs，**则必须开通美股或港股账户**。刚开始投资时，建议从港股市场开始，因为理念比较相近，容易估算。

港股市场上有 11 只 REITs，其中 1 只停牌，1 只成交较少，其余 9 只 2017 年的收益都不错，如图 9-3 所示。

代号	房产信托	2017年表现	息率（%）
823	领展房产	42.30%	3.20%
2778	冠君	36.10%	4.00%
778	置富	9.80%	5.10%
808	泓富	9.20%	5.30%
435	阳光	17.80%	6.20%
405	越秀房产	24.30%	6.40%
1881	富豪	15.90%	6.40%
1426	春泉	5.90%	6.70%
87001	汇贤	0.60%	8.50%

图 9-3 港股市场 9 只 REITs 2017 年的表现（数据来自 Investcoo）

2017 年，港股 REITs 的龙头老大“领展房产”先后卖出了多个物业套现，打算从主打居民生活区商铺转型走更高档的路线，因此股价上涨较快，全年上涨了 42.3%。也因此收租的情况比往年差一些，租金派息率为 3.2%。

鹰君集团持有的“冠君”2017 年也上升了 36.1%，原因是集团声称计划出售香港中环的花园道 3 号写字楼，刺激股价大幅上涨。租金派息率为 4%。

除这两只 REITs 外，其余股息都在 5%以上，作为收息股非常有吸引力。

9.5.6　购买 REITs 需要注意哪些影响因素

由于 REITs 兼具股票和房地产的特性，因此一些股票和房地产的影响因素都需要留意。

1. 股票特性

REITs 既然在二级市场上交易，那么就跟股票一样，价格每天都会波动，要做好承担风险的心理准备。尤其是在大盘下跌时，RETIs 的价格也会随之下跌。我们直接购买房地产，平时感觉不到房价波动得这么频繁，主要是由于没有在交易所公开上市，没人每天给我们的房子估值所致。

与股票一样，我们也需要参考 REITs 的历史净值，以评估现在所处位置是否是高位，尽量以较低持有成本获取较高收益。

2. 房地产特性

和房地产投资一样，REITs 的收益与房地产市场大环境的景气与否相关，与具体持有楼盘的地理位置好坏相关，也与 REITs 的经营管理策略和尽责与否相关。

下属的楼盘集中度越高，则风险越高；REITs 持有的现金越多，收到的租金就越少；空置率越高，风险就越高。

9.5.7　REITs 如何估值

尽管 REITs 与股票类似，但却不能用股票的 P/E 或 P/B 指标来估值，因为 REITs 的净利润受房价重估的影响，但租金的收益却并非如此。比如房价升值了，租金回报率反而会下降，但我们派息的多少却受租金的影响，与房价本身不相关。

评估 REITs 有一个特殊的指标，叫作 FFO（Fund from operation）。

FFO=NI（净利润）+ Depreciation（折旧）+ Amortisation（摊销）

折旧和摊销主要是一般企业管理中会计的记账方法，不太适用于评估房地产的估值。随着时间的增加，大多数房产并没有折价，反而升值了。因此，FFO 把净利润加上了折旧和摊销，更能代表 REITs 的经营性利润。

REITs 的估值=Pice/FFO

一般来说，REITs 估值的合理区间是 **10～30**。

总之，如果你想投资房地产，又没有足够的资金，或对房地产市场没有足够的信心，那么 REITs 是一个非常好的选择。尤其是那些想要配置海外资产的人，REITs 是隔山买牛最稳妥的投资方式。

对于暂时无法进行海外投资的国内民众，REITs 也将是大势所趋，相信在不久的将来，国家一定会打开公募 REITs 的阀门，届时将会有爆发性增长，记得随时关注，抓住第一波升势。

敏敏：“嗯。我先存下一笔启动资金，等存上十几万元，就去问问怎么开港股账户。谢谢你，艾玛！”

本章知识点

本章我们分享了自雇人士敏敏的故事。

- 回顾了资产的类别，再次强调适合长期积累的资产的标准。
- 财富的两架马车并行：在购入有效资产的同时，找到快速增加本金的“摇钱树”。
- 挖掘沉睡资产和盘活业绩不良的资产可以带来巨大收益。
- REITs 的相关内容。

本章练习

- 列出你家拥有的资产，区分哪些是好资产，哪些是不良资产。
- 对于财富的两驾马车，根据你现在的情况，判断你应该以哪一驾为主？
- 你有哪些沉睡资产，怎么把这些沉睡资产变现？
- 你是否有散落在不同账户中的投资，哪一类投资收益较好，哪一类业绩不良？是否可以把业绩不良的投资归总到一起，投资收益较好的项目？
- 你有什么理财上的困惑？试一试动笔算一算具体的成本和收益，进行量化的比较。

第 10 章

你的“摇钱树”在哪里

和敏敏一样，以玲也是通过专栏后台联系到我的。一番长聊下来，我发现她与曾经的我有很多相似之处：

年龄差不多，学历和工作年限相差无几，婚姻平顺，孩子年幼。收入在当地同龄人中属于较高水平，有着与同龄人相比还算优渥的生活。

在职场上遇到瓶颈，想更进一步需要付出太多，于是守在原地，不上不下。朝九晚六，白天上班，晚上照顾孩子，匆匆一日复一日。

在外人看来，已是人生赢家，但自己内心却感到莫名的迷惘与无助。每天看上去充实忙碌，在公司和家之间来回奔波。因为工作，忽视了孩子的成长，又因为对孩子的愧疚，把所剩无几的时间全部给了孩子，从而失去了自己。

在充实的间隙中，在偶尔的恍惚间，会困惑，这一日日的奔忙究竟是为了什么？人生苦短，譬如朝露，这真的是自己想要的生活吗？

以玲说：“没错，就是因为这个原因，我才来找你的。”

10.1 状况剖析

照例，我和以玲一起梳理了七个问题。

以玲，研究生毕业十年，在国内中部城市工作和生活。有一个幸福的家庭，老公体贴，儿子听话。夫妻俩都是技术性骨干，老公在一家医疗器械公司负责研发、测试和前期生产，持有公司 5%的股份，尽管从来没有分过红，但好歹也算是公司的一个小主人。以玲则在一家互联网公司工作，负责新需求开发和服务运营维护。

两人一年工资收入有 36 万元，有一套房出租，加起来稳定收入大约有 40 万元，在中部城市算是非常高的收入了。谈到支出时，以玲立刻发给我一张详细的列表，分类明确，想来平日里都有记账。一年支出约 25 万元，其中房贷约占 38%，日常生活费约占 24%，子女教育费约占 19%。以玲说，他们的收支都比较稳定，一年大概能存 10～15 万元。早年在楼价还不高的时候就买了自住房，后来又买了一套房用于出租，借了 100 万元的房贷，其中 20 万元是公积金贷款，利息不高，可以用来抵消通胀。

我跟她一起做了家庭财务报表（单位：元），如图 10-1 所示。

以玲家的资产负债表　　日期：2018.3.5

资产				负债		
种类			现值	种类	余额	利率
流动资产		现金		商业房贷	800,000	6.60%
		活期存款	70,000	公积金房贷	200,000	4.50%
金融资产		股票				
		基金				
		债券				
		保单现金价值				
固定资产	投资	房产（投资）	1,800,000			
	自用	房产（自用）	1,500,000			
		汽车（自用）	70,000			
资产总计			3,440,000	负债总计	1,000,000	
净资产总计（资产–负债）			2,440,000			

以玲家的年度收支表　　年份：2017

每年收入				每年支出		
种类		金额	占比	种类	金额	占比
主动收入	工资收入	324,000	82.99%	房贷	96,000	37.94%
	工资奖金	40,000	10.25%	日常生活费	60,000	23.72%
				养车费用	23,000	9.09%
				子女教育费	48,000	18.97%
				旅游费	10,000	3.95%
被动收入	房租	26,400	6.76%	给父母家用	10,000	3.95%
	理财分红			人情开支	6000	2.37%
稳定年收入总计		390,400		稳定年支出总计	253,000	100.00%
稳定年盈余总计（稳定年收入–稳定年支出）				137,400		
投资收入	股票损益		0.00%			
	基金损益		0.00%			
其他收入	中奖					
	红包					
所有年收入总计		390,400		所有年支出总计	253,000	
年盈余总计（年收入–年支出）：137,400						

图 10-1　以玲家的财务报表

下面来计算一下我们之前提及的三个指标：

资产流动性比率=流动资产/月支出=7 万/(25.3 万/12)=3.32，参考值为 3，说明有足够的紧急备用金。

负债收入比=年负债支出/年稳定收入=9.6 万/39 万=24.62%，参考值为 40%。在第 8 章中我们讲到，不同年龄的人的风险承受能力不同。以玲夫妇三十多岁，正是事业的黄金期，收入高，抗风险能力强，有足够的偿债能力，所以负债比例应该适当上浮，设定在 40%～50%。因此，**可以考虑增加良性负债，加大投资力度。**

投资合理比=投资资产/净资产=180 万/244 万=73.7%，这个比例评估的是家庭通过投资让资产保值、增值的能力，家庭参考值为 50%，说明保值能力不错，比较稳健。

以玲一家的资产主要受益于近年来房地产的飞速增长。她家的自住房当年购买时仅需 40 万元，几年下来，涨到 150 万元。第二套房从 121 万元增长至 180 万元。**资产实现了短时间的快速增值**。

但从现金的流向来看，增加的第二套房每个月尽管带来了 2 200 元的租金，但却刚好与新增的贷款持平，并没有带来每月收入的增加，反而因为投入了全部本金，**而失去了这部分本金原本用来理财带来的正向现金流。**

投资渠道也比较单一，仅有房产和 7 万元的活期存款。房产的租金收益率很低，只有 1.5%（26 400/1 800 000=1.5%）。房价升幅带来的资产增值很高，但这**只是账面收入（浮盈），一日不套现，一日利润就没有实现。**7 万元活期存款的利润率也很低，但由于必须留一部分做家庭应急备用金，所以可以放到余额宝。

定期评估不同投资渠道的收益率，把投资收益率较低的资金转去收益率较高的项目，是理财的重要诀窍之一。企业运作也是如此，要经常审视不同产品带来的利润率，让有限的资源投入到高收益的产品上。

10.2 人无远虑，必有近忧

以玲发给我一张日常行程表，如图 10-2 所示。她说：“艾玛，我每一天都是这么过的，一日复一日……我每天的自由时间很少，锻炼时间也很少。我很担心就这么过一辈子，直到退休，走不动路了，才能停下来。”

以玲的一天

7:00	起床，做早饭，喊老公、儿子起床
7:40	吃早饭，送儿子上学，赶去上班
9:00—18:00	上班，有时候加班到19:00
19:00	去托管班接儿子（儿子已经在托管班吃过饭，写完作业）
20:00	吃晚饭（做饭看心情，多数在外面吃）
21:00	检查作业和亲子阅读（老师要求严，作业没做对，要批评家长）
21:30	督促儿子洗漱、睡觉
22:00	坚持阅读
23:00	睡觉

图 10-2　以玲的日常安排

这也是我曾经的烦恼，我不想做工蚁、拉磨的驴，一直工作，天天赚钱，没有了人生，我想要诗和远方。

以玲写道："我希望有自由时间，我希望财务自由，但好像都很难。"我可以想象电脑屏幕后的她一脸疲惫和无奈，就如当年的我一样。

虽然以玲的资产增值很快，非工资收入的现金流却一样糟糕。新增的房租被动收入与新增的房贷完全抵消。因此，尽管以玲一家每年能存下十几万元，但全部依靠工资收入，手停口停，假如出现任何预计不到的收入减少或支出增加的情况，将令状况变差。

现在孩子还小，未来教育需要投入更多。老人目前都算康健，以后随着医疗支出的增加，需要贴补更多。夫妻双方万一有一人在职场上遇到挫折，如今这种美好的现状就会不堪一击。

人无远虑，必有近忧。

在中部地区，每月一万多元已属于较高薪酬水平。每年虽然约有 7%的增幅，但只能与通胀和支出增幅相抵。要想有突破性增长，需要靠机缘和大几倍的付出。

企业给如此高的薪水，期望员工承担的责任和工作也重。职场新人每年蜂拥而至、虎视眈眈，这大概是大多数人到中年都会遇到的职场危机。

保持现状，相当于把决定权完全交给了命运，期待一切顺风顺水、风和日丽。这太过被动了。要想改善现状，未来能确保如今的生活质量，还能拥有足够自由的时间，就一定要改变如今的收入结构，增加非工资收入的比重。诗和远方的前提是解决柴米油盐问题。

10.3　慢、中、快三策

思索了以玲的情况良久，我提出了慢、中、快三策。

10.3.1　慢策——建立“储蓄转资产、资产再转储蓄”的良性循环

要想增加非工资收入，就需要购买能够产生稳定现金流的资产。现在以玲的闲置资金仅有 7 万元，要预留 3～6 个月的月支出作为紧急备用金，因此可投资的金额不多，需要时间储备。

（1）**设立“理财账户”**。开设一个“理财账户”，把每月规定的储蓄金额定期存入此账户。之后投资资产所产生的利润，也要全部存入“理财账户”，这样才能享受复利的神奇魔力。“理财账户”中的闲置金额也要进行理财，可以选择灵活性强的货币基金或余额宝等理财产品。

（2）**设定比目前状况稍高的储蓄目标**。如现在的正向现金流是 10 300 元/月，那么可以设定稍微高一点的目标，如储蓄 11 000 元/月。毕竟赚钱是为了更好的生活，如果为了存钱活得太辛苦，则是本末倒置。为了不影响生活质量，只要高少许即可。只要坚持下来，时间一久，金额还是非常可观的。

（3）**执行“理财账户优先支付”的原则**。所谓“理财账户优先支付”，即必须在偿还借款、支付账单或其他款项之前，就把资金存入“理财账户”。把它视作必须偿还的抵押贷款或孩子的学费，即时在手头紧张时，也要首先向“理财账户”中存钱，余下的钱再分配支出。

之前提的 11 000 元仅是举例，每个家庭可以按照自己的情况设定储蓄金额。每个期间缴存的资金金额不重要，重要的是养成定期向“理财账户”存钱、为未来投资积累资金的习惯。

（4）平时**不断对投资产品进行细致调查和研究**，当发现可以创造收入和实现增值的投资机会时，用“理财账户”中的资金予以投资。

大家常犯的错误是一直等到积累了大量的资金或一个符合自己目标的特定投资对象出现时，才开始投资。**创造财富的关键是尽早动手，并勤加打理。从小额投资做起，练习投资技能，积累投资经验，日积月累，持之以恒，一步步积累财富**。当

投资技巧更娴熟之后，比较各项投资的收益率，重组资产，以获得更高的收益。

（5）**将赚得的被动收入再次存入“理财账户”，从而建立“储蓄转为资产、资产再转为储蓄”的良性循环**。大部分有钱人之所以能走上富裕的道路，靠的不是机会，而是具体的、一步步的、持久的行动。不要小看储蓄的威力。

10.3.2 中策——依靠核心技能，创建“摇钱树”

投资资产会产生稳定的现金流，但通常比较慢，需要长期积累。要想实现快速的财富增值，必须找到自己的“摇钱树”。在找“摇钱树”的过程中，**必须基于自己的核心技能**，不要随便踏入全新的领域。

上一章中，敏敏的核心技能是画画、培训，她已经有了一棵“摇钱树苗”，这棵小树苗已经能带来每个月 8 000 元的现金流。所以，我给她的建议是通过把低价值、耗时的行政类或授课类工作外包，自己专注拓宽业务和找新的盈利增长点，把树苗养大。

以玲夫妻俩都是技术性人才，技能在市场上有较高的价值。

以玲的先生虽说也是其公司的创业合伙人，但仅持有 5%的股份，类似于大公司的管理层或技术人员持股，自主性不大，且一直没有分红，就算以后分红，能得到的金额也与业绩奖无异。因此，可以当职员角色来考虑。除非有一日，公司发展得很好，可以上市，持有的原始股能在公开市场上套现，那又是另外一个故事。

遇到以玲的状况，大多数人的应对之策是积累实力，然后跳槽，找到薪水更高的工作。这是我们大部分人遇到财务压力时的解决思路：钱不够花了，就更努力工作，通过升职加薪或跳槽去找一份更高薪水的工作。在《穷爸爸富爸爸》中，这就是穷人的想法。穷人为钱工作，而富人让钱为你工作。

生活的目标，不仅要有钱，还要重视自身的健康，有时间和亲朋好友们一起做美好的事，有很多机会去关注内心和探索世界。不应该为了消费或生活所需而拼命工作，卖命赚钱，无视健康，忽视年迈的父母和可爱的儿女，消耗自己的生命。而**应想办法搭建一个能自我运转的盈利模式**，在努力一段时间后，让钱和他人为我们赚钱，让我们有时间、有精力去做更有意义的事。

因此，我建议**以玲夫妇可以利用现有的技术优势，在近两年的工作之余，搭建**

出一个两三年后，能让其中一人赚得如今的收入，从而能辞职全职投入的平台，这就是他们的“摇钱树苗”。能在五年后，通过外包非核心工作，自己全力营销和运营管理，把平台做大，让这棵树苗茁壮成长，让它为你工作，从而自己有更多的时间和精力去过自己的生活。

听到这里，以玲说：“可是，我每天已经很忙了，完全没有时间再做其他的事！”

的确，从以玲的日程表来看，她疲于长时间工作和照顾家庭，完全没有空余时间。这是我们大部分人不得不面对的现实。我们每天总是忙这忙那，有的是被要求做的，如工作；有的是不得不做的，如照顾孩子的生活起居；有的是自己想做的，如看看书；还有一些是不知不觉做了，如刷朋友圈和微博……不知不觉时间就过去了，以至于我们很少能停下来思考，如此忙碌是否有价值。

事实上，时间就像海绵里的水，挤一挤总会有的。**试一试列出对你来说最重要的五件事**，其他不重要的事能否不做；试着每天工作前，列出当天的工作清单，在开始着手干之前先思考如何安排时间更合理；试着在专注工作时把手机收起来……**当目标明确之后，你将更清楚如何取舍，只做重要的、有价值的事情，其他的不做影响也不大。**

以玲为难地说：“我老公不想我那么辛苦，还是希望我好好照顾孩子。”

“你现在有时间好好照顾孩子吗？孩子必须去上晚托班，你们连晚饭都没有时间跟他一起吃。而现在你们改变的目的就是为了能尽快从长时间的工作中解脱出来，有更多的时间陪孩子。”我提醒她再看一遍日程表，“你们也可以给自己一个梦想期限。比如，就努力三年，三年后如果还是无法搭建一个可以稳定赚取你们一人工资的平台，就放弃。这三年时间也不长，就算失败了，多少都会有收获。”

以玲继续说：“我们两个人都创业，太不稳定了吧？”

“你老公仅有5%的股份，怎么能算创业呢？充其量只是拥有股权激励的核心员工，有固定的收入。公司运营不好了，他凭自身技能一样能找到其他工作。我的建议也是**你们在“摇钱树”能稳定地带来如今一人收入额的前提下，再全职出来创业**，就不会影响日常的生活质量了。说实话，如果做生意，对公司来讲，一个月赚一万多元不算什么。但在职场上，三十多岁是职场高峰期，之后除非能更上一层楼，否则市场价值只会越来越低，要赚更多的工资不容易。”我耐心地开导她，我明白一个人要离开舒适区非常不容易。

以玲说："一个朋友自己创业，他曾邀请我给他们做架构师。当时谈了一下，一方面暂时没有钱，说给我算股份；另一方面，要我负责他们产品的框架搭建，甚至是员工招聘，我觉得没时间，就拒绝了。还有一个外包的项目找到我，我也回绝了，如果接到，可能也就三五万元，但我没那么多时间，找其他人做的话，利润就更少了。去年也拒绝了一个类似的，我之前做过，回款慢，懒得弄。"

我再接再厉，继续鼓动她："可见你的技术很有市场。你可以重新再考虑一下怎么把这些资源盘活，就算不能立刻赚很多，也好过没有。而且，**这可以给你以后的业务做积累，可以积累客户，积累项目履历**；也可外包给他人，你负责接业务，做技术指导和项目跟进，具体工作外包给其他人完成。"

要想改变现状，就要投入，就要舍弃些什么。如果一切照旧，如何能有变化呢？很多人喜欢近在咫尺的安逸，但你现在偷的懒，总会在以后以其他方式还回来。你现在不过 30 多岁，如果不努力付出、改变现状，到了 50 岁时你会不会后悔？到了 50 岁，如果你觉得已经到头，那么 70 岁时你会不会后悔？70 岁之后，还有 90 岁，那时候的自己能心怀坦荡地走向人生的终点吗？

10.3.3 快策——利用杠杆，资产套现再投资

以玲早年通过房产投资获得了大额的资产增值，但是一日没有套现，一日就只是账面浮盈，无法带来实际收益。目前两套房产价值 330 万元，现在贷款利率是 5 厘，如最大额度能借 6 成（各个城市贷款比例不同，以实际为准），则可借 198 万元，扣除已贷款的 100 万元，还能借 98 万元。

在全国各地找高于 5 厘的稳定投资，如国债逆回购、打新股基金、购买房产信托，或者在旅游区或二线城市市中心买房，再交给管理公司打理。当然，每项投资都有技巧，尤其是买房，地理位置的选择非常重要，要考虑当地的 GDP 情况、人口净流入还是流出、批地情况、出租率和回报率，等等。

以上是我对以玲家情况的思考，**慢策最稳、最舒适；中策最有潜力，但需要突破自己；快策来钱快、轻松，风险也大，需要投资经验**。

以玲跟先生讨论之后，回复我："我们选择慢策，前三点我都能坚持做到，第四、

第五点我也在努力学。我们觉得慢策简单一些。中策的话，可以接一些私活，赚点外快，扩展人脉。快策不考虑，我承认风险承受能力太差，估计要失眠。”

我笑笑：“**任何安排都要视自己对未来的计划、自身能力和现有资源而定，没有放之四海而皆准的财务计划，适合自己的就是好的**。人生如棋局，要一步步去安排。投资是一件终身必做之事，你一定要努力，但不能急。”

10.4　斜杠与发展第二职业

10.4.1　听说很多人都斜杠成功了

“常听人说要‘斜杠’，要有第二职业，你的中策算不算是发展斜杠事业呢？”以玲问。

我：“传统的职业都是越来越专业化，**在特定的领域做深、做实，从而获取合理的报酬，满足我们的物质和精神生活所需**。而**斜杠，则是在多种行业间平行切换，通过不同类型的工作获取不同的报酬**。比如，有一个 80 后女孩，受到了很多公众号的采访，她同时拥有 8 个职业：商务咨询、自由撰稿人、编剧、活动策划、猎头、翻译、记者、自媒体。因为互联网和科技的进步，让大家可以突破地域限制，使这种工作形态变得可行。但我并不看好斜杠。”

以玲疑惑：“为什么？听说有很多人斜杠成功了，他们的生活看上去是那么的丰富多彩，令人艳羡。再看看我乏善可陈的日子，觉得一辈子白活了。”

我摇头：“网上的那些斜杠故事，水分太多。就算真的成功了，也仅是个例。通常是因为他/她本身就具有其中一个斜杠工作所需的天赋和积累。人的精力和时间有限，你什么都做，只会什么都做不好。**社会分工决定了市场上需要更加专业的人**。就算你再聪明，分兵作战也打不过比你笨但集中精力用心做好一件事的人。”

“这跟发展兴趣爱好有什么不同呢？很多人平时上班，周末和假期就拍拍照、画个手绘，也挺好啊。”听话音，以玲很向往多元化的生活。

我继续：“**兴趣是工作之余，打发下时间，以增加生活趣味为目的。而斜杠，是要通过其他领域的工作来赚钱**。一旦以赚钱为目的，除非你真的在这个领域很有天赋，且这个天赋受到市场的欢迎，否则就必须投入很多时间和精力去运营和积累。那些平时上班，周末画画、拍照的人，主要精力还是放在工作上，画画和拍照不过是生活的调味品，并不能带来稳定、大额的收入。

“这种非传统工作，**需要你非常自律和具备很好的时间管理能力**。因为你不在一个大集体里，不受朝九晚五、固定办公场所的约束，注意力很容易被分散。加之懒惰和拖延症的影响，很可能只能维持很短时间的热度，之后就不了了之。斜杠，还需要你能容忍孤独、变动，时时保持开放和积极的心态，挑战多个领域的未知困难。这不是一般人能做得好的。”

以玲颇为遗憾：“那斜杠是不能做了？”

10.4.2 谁适合斜杠

我：“那些本身家里就有雄厚物质基础的人，不需要靠工作养活自己，当然可以想干什么就干什么，想多自由就多自由。或者对物质要求不高，吃饱就行，但对生活的丰富度和挑战性要求很高的人，也可以斜杠。除此之外，还有一种人也适合开展斜杠。”

以玲继续问：“哪一种？”

我：“那些本职工作做到优秀、暂时很难突破的人。一来他们在原本的行业领域积累了足够的经验，获得了充分的认可，**能够轻松地应对当下的工作**。这样他们才有闲暇时间去斜杠。二来**本职工作发展到一定程度，很难突破，很长一段时间维持在一个水平，遇到瓶颈，需要熬资历或碰运气的时候**，发展第二职业也许能够为他们打开新的世界。而那些连自己主业都没做好的人，为了逃避主业中遇到的困难，或因为懒惰，或被斜杠的概念所诱惑，就贸然加入斜杠青年的行列，必然有失根本，两头不着地。”

“是的。在事业发展期，基本上忙得不可开交，回到家都累死了，只想休息，哪有精力再发展第二职业啊！”以玲认同道。

“我提出中策，正是基于你目前的状况。你的本职工作已经做得相当不错了，再往上晋升却不容易。算是到了瓶颈期，暂时难以突破。**通过对琐事的“断舍离”和加强时间管理，可以大大提高工作效率，从而给创建‘摇钱树’赢得时间**。我之所以不用‘第二职业’，而用‘摇钱树’，就是想跟斜杠区分开来。”

“怎么区分？”以玲问。

“**‘摇钱树’必须基于现有的核心技能，是以目前主业为基础发展的副业，副业的发展有助于主业的进一步精进，主副业有协同效应和互补效应**。通常是一个**技能在不同场景的应用**（如果你是技术人才，可以扩展技术的使用外延），或多个**技能在同一个市场的应用**（如果你是销售型人才，在已有的客户群中卖关联性产品），或多个**技能在多个市场的应用**（如果你是综合性人才，擅长调动资源）。

“而斜杠则是在另外一个领域再开一坛。主业和斜杠的其他职业之间相关性不大。比如刚刚提到的平时上班，周末和假期画画、拍照，主副业之间的互补和协同性太低；而那个拥有 8 个职业的斜杠女孩，8 个职业所需要的能力侧重点不同，很难互相促进。

“创建‘摇钱树’的目的是为了能使自己从时间较死板的工作中脱身出来，**等‘摇钱树’长大后，只需要稍加管理就能带来财富，从而获得时间上的自由**。这是实现财务自由的一个途径。而斜杠则是第一职业的翻版，需要不断投入时间、精力才能带来收入。与基于现有核心技能的‘摇钱树’不同，斜杠的第二职业需要重新开始学习一项新的技能，从而需要长时间地积累经验和资源，可能要很久以后才能盈利。

“因此，**不是每个人都适合做斜杠青年，也不是每个阶段都适合做斜杠青年**。”

“嗯。听你这么说，除执行慢策外，我也要努力去接私活，尽快培养出‘摇钱树’来。”以玲点头称是。

本章知识点

本章我们分享了中层精英以玲的故事。

- 通过对家庭财务报表进行分析，发现其存在的财务隐患。
- 慢、中、快三策，介绍了“理财账户优先支付”的原则。
- 创建“摇钱树”的重要性。

- 区分了创建“摇钱树”和斜杠的区别，再次强调了“摇钱树”必须基于现有的核心技能，主副业之间要有协同效应。

本章练习

- 找出你现有的立刻能变现的核心技能，思考是否能把它变成你的“摇钱树”。
- 根据慢策，设定自己的理财账户优先支付金额和规则。
- 列出对你来说最重要的五件事，看看其他的事情能否舍弃不做。
- 你周围有斜杠青年吗？去了解一下他们过得怎么样。

第 11 章 你能找到很多帮你赚钱的奴隶

这天，我飞去上海参加一个活动。许久没联系的素素从杭州赶来和我吃饭。我们在新天地的一家西餐厅里见面，她一扫半年前的颓然，看上去温婉自信，也显得成熟了许多。

“精神气不错哦！”我由衷地为她的转变高兴。

“托你的福，我现在过得挺好。”素素笑嘻嘻地说，“因为和爸妈一起住，费用少了很多。加上意识到现在的问题后，不再像以往那样乱买东西了，我的现金流好了很多。你看，我特意做了对比（见图 11-1）。”

素素半年前的状况总结表

五年期目标			
实现财务自立			
能够每个月存下4000元			
月收入		**资产**	
赡养费	6 000 元	自住房产	2 400 000元
理财收入	1 500 元	自用车辆	80 000元
		理财产品	560 000元
		活期存款	40 000元
		应收款	500 000元
收入总计	7 500元	资产总计	3 580 000元
月支出		**负债**	
10 000元			
支出总计	10 000元	**净资产**	**3 580 000元**
技能	做富太太		
其他			
需要照顾女儿长大			

素素半年后的状况总结表

五年期目标			
学会投资理财			
成为千万富翁			
月收入		**资产**	
工资	5 200元	出租房产	2 400 000元
赡养费	6 000元	理财产品	720 000元
房租收入	6 300元	活期存款	40 000元
理财收入	2 500元	应收款	500 000元
收入总计	20 000元	资产总计	3 660 000元
月支出		**负债**	
8 000元			
支出总计	8 000元	净资产	**3 660 000元**
技能	组织活动、联谊		
其他			
需要照顾女儿长大			

图 11-1　素素半年前后的财务状况对比

11.1　从月入-2 500元到月存1.2万元，离异妇女的逆袭之路

半年前的那次见面，素素还没有工作，也没完全从离婚和被骗的悲伤中走出来，就靠着赔偿金和赡养费过日子。她带着孩子住120平方米的大房子，开着一辆不错的车，短短一年半的时间，就把200万元的离婚赔偿金消耗到只剩下60万元。

在我的建议下，素素搬去与同城的父母同住。素素家境本来也不错，父母有房、有车，还能帮忙照顾孩子。她可以脱身出来找一份正式的工作，靠自己生活下去。她把不良资产（自用汽车）尽快卖了出去，保留了能带来被动收入且随时间增值的值得积累的资产（房子），并对外出租，获取被动收入。

调整之后的素素，尽管净资产没有太多增长，但现金流的状况却发生了翻天覆地的变化。

半年前，素素一个人带孩子单独生活，生活成本昂贵，收入仅靠前夫的赡养费，处于长期入不敷出的状态。如今，每个月扣除支出后，还能存下1.2万元。其中，

被动收入（房租+理财收入）已经超过了每月支出。

“嗯，算是暂时实现财务自由了。”我赞许地点点头。

“为什么只是暂时呢？我不是已经符合财务自由的定义了吗？”正期盼着被我大夸特夸的素素，听我这么说有些不爽。

“因为你目前的支出属于较低水平。以后你的父母会老去，需要你赡养；女儿会长大，教育投入会加大。你现在是高峰时期回落的低谷，等过一阵子，你就不再满足现在节衣缩食的生活了。想一想你以前是怎么花钱的，最近这段时间的节省恐怕维持不了太久。”

“噢！”素素很懊恼，感觉一盆冷水泼了自己满脸、满身，嘟嘴埋怨道，“我从杭州赶过来，就是来求表扬的。艾玛！你太残忍了！”

我作势像安慰孩子一样抚摸着她的头，笑着说：“是的。你超厉害！半年时间，从每月-2 500 元到 12 000 元，离异妇女的逆袭人生。听着就像阅读量 10 万+的鸡汤文。”

素素噗嗤一下笑了出来，再也装不下去了：“我这次来，除求表扬外，还想问问你具体要怎么去投资。我现在有钱了，将近 80 万元只买了理财产品，才 4 厘的利息，亏得慌。我知道要购买值得积累的资产，却又不知道怎么入手。”

“我可以教你一个万能公式。”我神秘兮兮地朝她眨眨眼。

“万能公式？”素素配合地小声惊呼，“难怪洪列说你是一位神师，又是四字箴言吗？”

“咦？话说你跟洪列发展到哪一步了？”我的八卦之心再次熊熊燃烧起来。

“我现在挺好的呀，从来没觉得自己这么自由过。靠自己、有钱花、前景光明，未来的路我自己做主，不需要迁就别人，爱怎样就怎样。”说这话的时候，素素浑身闪耀着光芒，是那种从内心透出来的快乐。

素素呷了口酒，斟酌了下言辞道：“洪列是不错，有文化、有教养，工作努力，家境也不错，年龄和婚姻情况与我类似，按理说是非常好的结婚对象。我爸妈都很喜欢他，催我赶快跟他定下来。我也觉得他挺好的。只是，不知怎的，觉得他在一个完美的套子里，很美好，但触摸不到他的心，我们中间总是隔着什么。这种感觉很难描述，不知道你明不明白。”

感情上的事儿，谁也不能替他人做主。我只好安慰说：“也许还没到时候，你们刚认识，需要磨合。你又刚刚体会到经济独立自主的甜头，反正日子还长着呢，不用急。”

素素又扬眉笑起来。这一次见面，她的笑容比任何时候都多：“是呀。半年前，我觉得一辈子都毁了，没法过了。现在，我又觉得自己比从前更有活力了。我现在有一片森林，我也能自己养活自己，所以，不着急，慢慢挑。”

“阿逊呢？”我继续八卦。

素素不好意思起来：“还继续有联系，他跟我讲了他表哥的事。”

顿了顿，她继续说道：“我们也很少见面，就在网上聊聊关于投资理财的事，他看到好的帖子会跟我分享。上次你跟他讲的有关债务管理的知识，他也讲给我听了。通常都是他在讲，我不懂，说得比较少。”

素素急急转换了话题：“到底是什么万能公式啊？”

我：“其实，还有一个更被推崇的家庭结构化配置定律——4321 定律，适合资产量达到一定程度，需要均衡投资、降低风险的时间段。不太符合你现在的情况。”

素素：“4321 定律？这个好记。什么意思呢？”

我：“**所谓 4321 定律，即把家庭收入的 40%用于投资、30%用于生活开销、20%用于储蓄备用、10%用来配置保险**。你看，你还处于初级阶段，在节衣缩食的情况下，生活开销已经占了收入的 40%。所以，对现在的你来说，还不适用。”

“嗯。那适合我的万能公式是什么呢？”素素正襟危坐，拿起了纸笔。

11.2 万能公式——“100-年龄”配置法

11.2.1 三个账户

我：“前汇丰投资管理公司亚太区行政总裁 Blair C. Pickerell 提出把资产放在‘三个钱袋子’的概念。这三个钱袋子，**分别对应短期流动性、中长期投资和高风险、**

高收益的风险投资。通常我们会**预留 3～6 个月的家庭开支放进‘短期流动性’的钱袋子里**，其他两个钱袋子则根据每个人的人生阶段、家庭情况和风险承受能力再做调整。”

素素皱眉：“这算什么公式啊？钱分三大类，我也知道啊。”

我：“别急。这三个钱袋子，其实也对应了三个账户：**零钱账户、增值账户和投机账户。三个账户的功能不同，因此选择的投资品类也不同**（见图 11-2）。

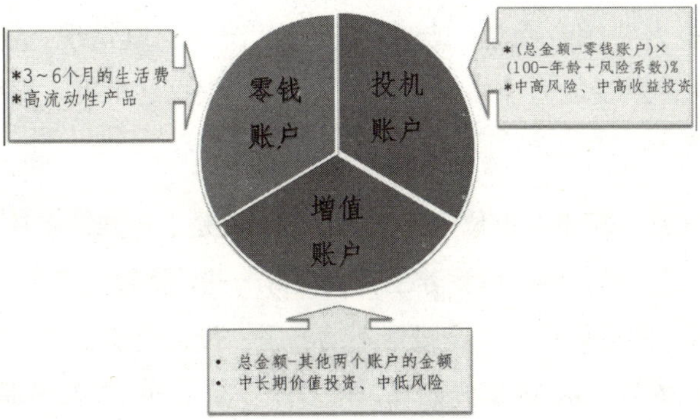

图 11-2　三个账户

“零钱账户非常好理解，就是给家庭应急用的。刚毕业的年轻人，没什么生活负担，急着多留点本金赚更多的钱，也可以只存 2～3 个月的生活费。但一般家庭上有老、下有小，还是稳妥些比较好，存 3～6 个月的生活费。这笔钱可购买余额宝、各类货币基金、短期债券基金、国债逆回购，流动性强，随存随取。”

素素猛点头，握着笔，两眼闪晶晶地等待下文。

我继续：“增值账户应该占资产的大头，是你配置的根基，购买我们说了很多次的可积累资产，帮你创造被动收入，实现财务自由。投机账户则是用一小部分资金进行博弈，投资收益高、风险也高的项目。”

11.2.2　风险承受能力

“一小部分是多少？占大头具体应该是多少呢？”素素问。

我：“我们先看投机账户。投机账户的多少与你的年龄和风险偏好程度有关。有一个简单的公式：**投机账户金额=(闲置资金总金额−零钱账户)×(100−年龄+风险系数)%**。增值账户更简单，就是把剩下的钱全部放进这个账户：**增值账户金额=闲置资金总金额−零钱账户金额−投机账户金额**。

“你目前每个月支出8 000元，3～6个月的生活费支出放进零钱账户。因此，零钱账户最低存2.4万元，最高存4.8万元，用来购买马上能套现的货币基金。

“投机账户公式中有一个重要的因素叫‘风险系数’，这与风险承受能力有关。风险承受能力是指一个人能承受多大的投资损失而不至于影响他/她的正常生活。风险承受能力要综合衡量，与个人资产状况、家庭情况、工作情况等都有关系。有一个风险承受能力评估表（见图 11-3），根据这个表，你能算出自己风险承受等级的高低。

“你在商会工作，算事业单位吗？不是的话，就是上班族。你是单薪有子女，比单薪无子女还要差一些，但比单薪养三代又要好一些，就暂且算3分，差不多就行。你现在房子出租，跟爸妈住，算是投资不动产了。投资经验1年以内，对投资知识一片空白。年龄36岁，从25岁开始算，每多一岁减1分，年龄分是38分。总分是多少？”

分数	10分	8分	6分	4分	2分
就业状况	公务员或事业单位人员	上班族	佣金收入	自营事业	失业
家庭负担	未婚	双薪无子女	双薪有子女	单薪无子女	单薪养三代
置业状况	投资不动产	自用房无房贷	房贷小于50%	房贷大于50%	无自用房
投资经验	10年以上	6~10年	2~5年	1年以内	无
投资知识	有专业执照	财经专业毕业	自修有心得	懂一些	一片空白
年龄	总分50分，25岁以下者50分，每多一岁少1分，75岁以上零分				

所得分数	0~19分	20~39分	40~59分	60~79分	80~100分
风险承受等级	很低	低	中等	高	很高
“100−年龄”配置法调整系数	−20%	−10%	0	10%	20%

图 11-3　风险承受能力评估表

素素："只有 63 分。呦！还算是高的呀？"

我："因为咱们还年轻。你的风险承受等级是高，对应的调整系数为 10%。"

素素："什么意思啊？"

我："再看看投机账户的公式：**投机账户金额=(闲置资金总金额−零钱账户)×(100−年龄+风险系数)%**。你有 72 万元的理财产品、4 万元的活期存款，因此总金额为 76 万元。零钱账户就还是 4 万元。年龄 36 岁，风险调整系数为 10%。也即：投机账户金额=(76 万−4 万)×(100−36+10%)%=46.152 万元；增值账户金额=76 万−4 万−46 万=26 万元。

"这个万能公式被称为'100−年龄'配置法。"

素素："不是说增值账户要占大头吗？怎么我的投机账户反而更多呢？"

我："好问题！说明你之前听得很仔细。与前面提到的 4321 定律不同，'100−年龄'配置法适合资产不多、需要快速增加资产的人群。这种方法受年龄的影响很大。年轻人的投机账户比重较高，越年长则增值账户的比重越高。4321 定律则适合收入很高、资产较多的人士，目的在于更好地分散风险，让资产保值并稳健增长。

"对你来说，你资产的 65.6%是那套房子。如果扣除 50 万元的应收款，当坏账，则房产在资产中的比重更高达 76%。这房产是全款付清了的，没有使用任何杠杆，因此也属于你的增值账户。增值账户比重已经足够大，可以稳稳地担当你家的配置基石了。如果投机账户资金太少，资产增长得就太慢了。"

素素："有道理。为什么年纪轻就能增加投机比例呢？年纪大了不行吗？"

我："年纪轻的时候，万一失败，未来还有很多时间可以翻盘。年纪大了，要准备养老，就要更保守一些。因此，这次算出来的比例只是暂时的，仅适合当下。以后，**要根据家庭情况的变动、人生不同阶段的需求，定期评估再做调整。**

"除风险承受能力的客观指标外，还有一个**风险偏好评估的主观指标**。不同人对风险的喜好不同，这跟性格有关。有些人喜欢冒险，有些人偏好保守。就算他们根据年龄、家庭结构、工作类型、知识体系等客观因素评估出来的风险承受能力数值相同，他们对风险的主观接受度也有高有低。"

素素问："风险偏好也有评估表吗？"

我："有的，你看这张图（见图 11-4）。算一下，你属于哪一种？"

素素："我是中庸型。这算好还算坏啊？"

我："就像外向性格和内向性格一样，只是性格的一种，没有好坏之分。风险的偏好程度也是如此。只是在投资的过程中，如果一个风险偏好低的人，投资了高风险的产品，两者不匹配，就会天天担惊受怕，万一亏损，又会每晚失眠，就不好了。"

素素："原来如此。"

风险偏好评估表

分数	10分	8分	6分	4分	2分
首要考虑	赚短线差价	长期利得	年现金收益	抗通胀保值	保本保息
认赔动作	预设止损点	事后止损	部分认赔	持有待回升	加码摊平
赔钱心理	学习经验	照常过日子	影响情绪小	影响情绪大	难以成眠
最重要特性	获利性	收益兼成长	收益性	流动性	安全性
避免工具	无	期货	股票	房地产	债券
本金损失	总分50分，不能容忍任何损失为0分，每增加一个承受损失百分比，加2分，可容忍25%以上损失者为满分50分				
所得分数	80～100分	60～79分	40～59分	20～39分	0～19分
类型	积极进取型	温和进取型	中庸型	温和保守型	非常保守型

图 11-4　风险偏好评估表

11.3　投资工具金字塔

素素沉思片刻，又问："现在我知道要放多少钱在三个账户了。但是，除了零钱账户买货币基金，其他两个账户我还是不知道要买什么呀？"

我："投资工具的种类非常多，除了大家所熟悉的股票、基金、房地产，还有债券、外汇、信托、股权投资、期货、艺术品、贵金属等。到底哪种比较适合自己，要看**个人的兴趣、风险承受能力和投资专业水平**。我这里有一个投资工具金字塔，把各种投资工具按风险和收益的高低进行了排序（见图 11-5）。"

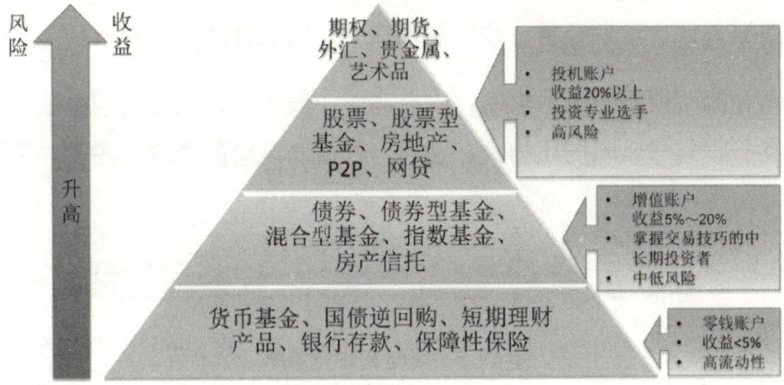

图 11-5　投资工具金字塔

我："虽说根据'100-年龄'配置法计算得出，你要将 46 万元放到投机账户、26 万元放到增值账户。但你现在还是一只菜鸟，可以**先从中低风险的增值账户开始练习投资技巧。等有经验了，再开始投机账户的投资**。即便如此，也比现在只买货币基金收益要好很多。"

素素研究了一下投资工具金字塔，又问："增值账户就是买债券、基金等，怎么基金还分债券型、混合型、股票型啊？"

11.4　适合投资菜鸟的基金定投

11.4.1　基金的种类

我："基金有很多分类方法。债券型、混合型、股票型，包括货币基金都是按照投资对象进行分类的。"紧接着，我向素素介绍了基金的种类。

1．按投资对象分类

（1）债券型基金：基金超过 80%的资金都投资于债券。

（2）股票型基金：基金超过 80%的资金都投资于股票。

（3）混合型基金：基金的部分资金投资于股票，部分资金投资于债券，投资比例可以调整。

（4）货币基金：全部资产都投资在各类短期货币市场上，如购买国债、央行票据、商业票据、银行定期存单、政府短期债券、同业存款、同业拆借等。

货币基金流动性高，风险极低，收益高于一般银行定期、活期存款。债券的风险低于股票。收益与风险同比相关。因此，收益和风险的排序如图 11-6 所示。

股票型>混合型>债券型>货币基金>银行定期>银行活期

图 11-6 风险和收益排序

2．按是否能中途申购或赎回分类

（1）开放式基金：比较灵活，规模不固定，随时可以申购和赎回。

（2）封闭式基金：资金规模固定，申购、赎回时间也固定，期间无法赎回，有点类似于定期存款。

3．按交易地点分类

（1）场内基金：在股票市场可以买卖，费率较低，无法设定自动定投。和股票一样，交易日每一刻的价格都在波动。场内信息繁杂，需要具备一定的专业知识寻找。

（2）场外基金：在股票市场以外的其他市场可以买卖，如银行、证券公司代销、基金公司直销等。操作简单，费用相对较贵。以净值为价格进行交易，一天只有一个价格。

4．按发行方式分类

（1）公募基金：以公开方式募集，普通人也能参与，只收管理费，不收业绩报酬，每个交易日都能申购及赎回，流动性强。受监管严格规定，不能参与股指期货对冲等。

（2）私募基金：门槛较高，一般需要 100 万元起。在收费方面，除管理费外，还有业绩提成。信息不对外披露，具有较强的保密性。可以投资的范围较广。

两者的详细区别如图 11-7 所示。总之，公募基金监管要求高，流动性强，相对来说费率较低，适合普通大众。而私募基金风险高、流动性低、费率高，适合特定人群。

	私募基金	公募基金
组织形式	信托制	契约制
募集对象	少数合格投资者	广大社会公众
募集形式	非公开发售	公开发售
募集规模	几千万元至几亿元	几亿元至几百亿元
投资门槛	一般最低为100万元	一般1 000元以上
流动性	封闭期后设开放日可申购、赎回	每个交易日均可申购、赎回
业绩报酬	固定管理费+浮动管理费	固定管理费
信息披露	信息披露要求较低，有较强的保密性	信息披露要求非常严格，投资目标、组合等信息都需要披露
净值公布频率	按周、月或季度公布	按交易日公布
投资限制	可协议约定	有严格规定
仓位控制	0%～100%	60%～100%
追求目标	绝对收益	相对收益
监管机构	银监会	证监会

图 11-7　私募基金和公募基金的区别

5. 其他

除上面这些分类方法外，还有一些常见的基金名词。

（1）**ETF 基金**，英文全称是 Exchange Traded Funds，即交易所买卖基金。买卖手续与股票完全一样。ETF 基金管理的资产是一揽子股票组合，并与特定指数的成分股票相同，每只股票的数量与该指数的成分股构成比例一致。ETF 基金交易价格取决于它拥有的一揽子股票的价值。因此，大盘股指数升，ETF 基金就升；大盘股指数跌，ETF 基金就跌。

ETF 的交易费和管理费都很低廉，持股组合比较稳定，风险分散，流动性高，单笔投资便可以获得多元化的投资效果，节省大量时间及金钱，非常适合投资小白参与。

（2）**分级基金**，指把一个基金投资组合（母基金），根据基金收益或净资产的不同，分解成两级或多级子基金，预期风险和收益比较低的子基金称为 A 类基金；预期风险和收益比较高的子基金称为 B 类基金。投资者可根据自身的风险偏好，选择适合自己的子基金。

11.4.2 什么是基金定投

素素摆出一张苦瓜脸：“这么多种基金，我还是不知道应该怎么做。”

我：“有一种傻瓜的方法，只要每个月同一天以同样的金额买同一只基金，就能获得不错的收益。”

素素：“真的假的？为什么会这样呢？”

我：“这种做法叫作**‘基金定投’**。假设隔壁老王定投基金 A，每月投入 1 500 元，第 5 个月全部卖出。在这 5 个月中，基金 A 有很大的波动。老王购买的基金净值分别是：30 元、60 元、30 元、15 元、30 元（见图 11-8）。虽然基金的净值像过山车一样最后又回到了原点，但收益情况如何呢？5 个月每月投入 1 500 元，总共投入 7 500 元，而卖出时，不计算交易费用，收回 8 250 元，收益率是 10%。”

素素瞪圆了双眼：“这么容易？不用管它是涨是跌，就能有 10%的收益？这个好！为什么呢？”

我解释道：“因为份数=金额/净值，每个月买的金额一样，当净值上升时，你买的份数就会减少；当净值下跌时，你买的份数就会增多，符合低买高卖的原则。整个投资期的成本被摊薄了，当你在一个相对高一点的位置卖出时，就能获得较好的收益。

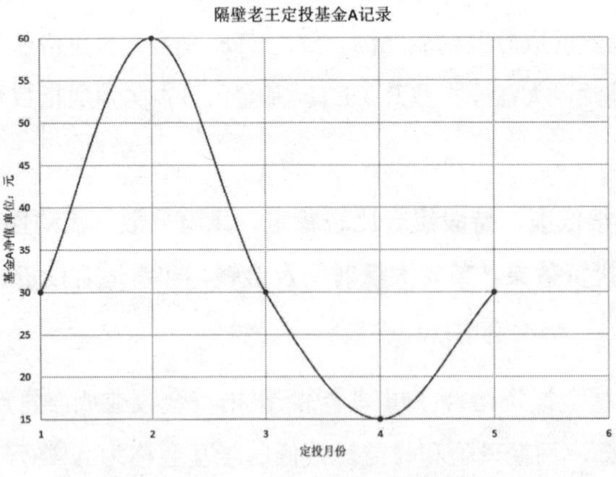

隔壁老王定投基金 A			
月份	基金净值	金额	份数
1月	30	1500	50
2月	60	1500	25
3月	30	1500	50
4月	15	1500	100
5月	30	1500	50
总计		7500	275
	投入金额	7500	
	卖出金额	8250	
	差价	750	
	收益率	10%	

图 11-8 隔壁老王定投基金 A 记录

“金融界有一句话：‘要想精准地踩点入市，比接住空中的飞刀还难。’**基金定投，让投资者不再有择时的困惑，以平摊投资成本的方式来降低风险。**定投能克服人性的贪婪和恐惧，让你在股市疯狂时保持冷静，不跟风追入；在股市震荡筑底时不会放弃逃跑，从而错过‘抄底’的好时机。基金定投操作方法相对简单，因此也被称为‘懒人投资法’。”

素素雀跃：“懒人投资法？我喜欢。”

我：“以后，也许你会遇到很多基金或银行销售人员向你鼓吹基金定投的好处，把基金定投说得毫无风险。他们会说，你完全不用操心，就能坐享其成。但千万别信，**基金定投只是千万种投资方法中的一种，同样有风险**。懒人投资法，可不是懒得完全撒手不管了，只是与其他投资方法相比，花的时间和精力较少罢了。”

素素的脸立马耷拉了下来：“那还要注意些什么？”

11.4.3 基金定投的投资要点

1．调整好心态

我：“首先，既然你投入的时间和精力少，就不要期望它会有特别好的回报。能量是守恒的。”

素素：“嗯。我明白的。只要在安安稳稳的前提下，多赚一点收益就行了。收益越高，风险越大，我了解。”

我：“基金定投和复利一样，不是短时间内能看到效果的。但是你只要坚守住几个原则，就一定能成功。”

素素：“嗯，不急。有了复利的 30 年效果在前，我现在做什么都不着急了。”

我：“**要想做好基金定投，端正心态非常重要。不能急，不要期望收益太高。**在这个前提下，我们再讲其他原则。”

素素点头。

2．选择交易费较低的定投

我：“定投靠的是每周、每月或每季交易。交易次数多，时间长。默认的收费方式是每次买入都要按比例交手续费，少数产品会提供持有多久到期就免手续费的选择，因此要选择交易费较低的定投。”

素素：“那都选择那些能免手续费的不就好了吗？”

我：“基金也是要有所选择的，不能光看手续费，关键是看基金的成长性。而且卖出的时间点很重要，为了省手续费而被套牢，不能抓住机会卖出，就得不偿失了。”

素素：“哪些基金又好，交易费又低？”

我：“自己直接在股票账户里定期定额买就行了，其他场外途径管理费都比较高。”

素素：“什么叫‘场外途径’？”

我：“除了股票账户里自己操作买的，其他都是场外，包括基金公司直销、银行销售、第三方代理等。”

3．选择波动幅度大的基金

我：“与普通投资不同，基金定投依赖价格差影响份数，价低多买，价高少买，以拉低平均成本的方式来获利。因此，基金越稳定，收益越低；价格起伏越大，盈利效果越明显。那些货币基金、债券基金等收益稳定、价格波动较小的基金就不适合定投，而应该选择股票型基金。”

“哦！真是改变三观啊！”素素一边点头一边感叹，“我现在还没能力操作投机账户，如果先全部投入增值账户，那么我的 72 万元应该每个月定投多少呢？”

4．用每月收入余额购买，而不是用大额本金

我：“货币有时间价值，即现在拥有的钱比未来获得的同等金额具有更高的价值。比如，银行利率是 3%，你今天存入了 1 万元，一年后，你就能收回 10 300 元。可见，一年的时间，这 1 万元发生了 300 元的增值。货币时间价值的实质就是货币通过周转使用后的增值额。

“因此，既然定投是每个月投一次，那么就没必要把本金留在账户上等着按月扣，而应该用每个月收入的余额来投资。根据‘理财账户优先支付原则’，建议在发工资或者收到房租的第二天就扣费。”

5．不要在牛市中后期入场

我:“开始定投的时机也要选好。不要看每天几元几毛的波动，而要看宏观大势。现在处于牛市，还是熊市？如果是牛市，连续上涨多久了？周围人对股票的感官如何？有很多人都在说股市赚钱了？大多数人都欢天喜地？气氛越热烈，说明股市越接近牛市末期。

“巴菲特有一句名言:‘别人贪婪时我恐惧;别人恐惧时我贪婪。’这一点要切记。**不要在牛市的中后期进场。单边上涨的情况下，基金定投的成本会越拉越高，从而失去了定投的意义**。即便在牛市结束前退出止盈，收益也会比普通单次购买股票低。

“如果不巧，看错了趋势，在牛市中后期入了场，就要及时止盈。等大市调转后，再次入市。”

素素：“牛市早期呢？入场的话，不也是很长一段时间单边上涨吗？”

我：“因为在牛市早期，谁也不知道自己是处在牛市早期、震荡期，还是熊市的开端。我们通常说某段时间是牛市早期，都是我们回头再看的总结。但定义牛市中期或后期就容易很多，一般都已经有了一段较长时间的上涨，各大投资机构也都会在分析中有乐观的估计。而且，就算在牛市早期入场，购入成本也不太高，涨得高了，就即时止盈。”

6．越跌越买

我:“很多人在股市调整时，看到基金净值在缩水就暂停定投，甚至卖了止损。这就表示他们不理解定投的原理。**到了熊市，定投要大胆，越跌越买，甚至可以逐渐加大份额**。这样，等市场回调后，收益就会相当可观。

“再以隔壁老王为例，假设他买了基金 B，定投后就进入跌市，到 5 月份还没有回本（见图 11-9）。5 个月后，尽管价格还没有回到原点，但依然有 10%的收益。若采取跌市加码的策略，收益率将达到 25%。跌市加码扩大了定投的效果，让收益翻倍。

“投资要守得住寂寞。看到别人赚钱，要忍得住不追入；看到大跌，要坚持住不放弃。”

隔壁老王定投基金 B － 传统定投（单位：元）

月份	基金净值	跌幅倍数	金额	份数
1月	60	1	1500	25
2月	30	1	1500	50
3月	30	1	1500	50
4月	15	1	1500	100
5月	30	1	1500	50
总计			7500	275
	投入金额		7500	
	卖出金额		8250	
	差价		750	
	收益率		10%	

隔壁老王定投基金B － 跌市加码策略(单位：元)

月份	基金净值	跌幅倍数	金额	份数
1月	60	1	1500	25
2月	30	2	3000	100
3月	30	2	3000	100
4月	15	3	4500	300
5月	30	2	3000	100
总计			15000	625
	投入金额		15000	
	卖出金额		18750	
	差价		3750	
	收益率		25%	

图 11-9　传统定投与股市加码定投的区别

7. 会卖才是老师傅

我：“那些基金销售们肯定会说，定投时间越长越好。当然越长越好，时间越长，他们收取的佣金就越多。对你来说，却不一定是好事。

“基金定投的优势是分摊成本，随着时间的推移，成本会越来越接近宏观经济的走势，摊薄成本的效果也会减弱，投资收益曲线会变得更平滑。

“因此，基金定投不应该以时间长短来论，而要看收益的多少。建议**每次只要赚到 15%～20%，就可以全部赎回，再伺机开始新一轮定投。**”

我：“总之，做到以上 7 点，基金定投就是最适合投资小白的方式。你无须看复杂的公司财报，不用研究五花八门的技术指标，只要遵守原则、有耐心，就会有很好的收益。”

素素：“好耶！你告诉我要买哪一只基金，我明天一早就开始定投。”

我满脸黑线：“你要努力学习，不要老指望我直接告诉你答案！”

素素摇着我的衣袖撒娇：“我不正用心学着嘛！你看我笔记写了好几页纸呢，手都写酸了。毕业后这么多年，我都没写过这么多字。你先告诉我买哪一只，我可以在学习的同时先投资起来。你不是说时间就是金钱，一寸光阴一寸金吗？”

11.5　最受巴菲特推崇的 ETF 指数基金

我无奈地叹口气，抿了一口茶，继续开讲："每年，巴菲特都会开一次股东大会。有一次，有人问他：'如果你只有 30 多岁，除了一份全职工作，没有其他经济来源。现在手里存了第一个 100 万元，你会怎么投资啊？'"

素素："嗯，符合我的情况。巴菲特他老人家怎么说？"

我："巴菲特说：'我会把所有的钱都投资到一个低成本的追踪标普 500 指数的 ETF，然后继续努力工作……再把所有赚到的钱再次投资到低成本的 ETF。'还记得什么是 ETF 基金吗？"

素素埋头快速翻动笔记："ETF 基金购买的股票和指数的成分股相同，比例也一致。指数升，ETF 就升；指数跌，ETF 就跌。交易费、管理费很低，稳定、风险小，非常适合投资小白参与。"

我赞许地点点头："事实上，不仅是这一次，几乎从来不公开推荐个股和基金的巴菲特，在 1993 年至 2017 年这 20 多年间，却先后推荐了不下十次指数型基金。他甚至还跟另一位投资专家打了十年期的赌，赌注是 100 万美元，2017 年 12 月 31 日正好赌约到期。巴菲特选的一只标普 500 ETF 完胜对方的 5 只优秀的组合基金，年回报率高出将近 5 厘。"

"ETF 有这么好吗？"素素问。

我：**"ETF 根据其追踪的指数，被动式地买进该市场或产业所对应的一揽子目标资产，不需要基金经理的主观判断，因此收取的管理费低。基金本身的周转率也低，所以付出的交易成本也低。**

"还记得我们一起算的复利吗？长期投资，**赚钱的重点就是依赖复利的威力。**假如毛利率相同，交易成本少 1%，就相当于净利润多了 1%。短期内，1%没多少，但长期来看，年复一年地增加 1%，就会对最后的报酬产生倍数的影响。"

素素恍然大悟："原来如此！"

我：**"ETF 基金同时具有股票和基金的特性，不但具有股票的高成长性，也具有基金分散风险的特性。**你不需要花时间仔细研究每家公司的财务状况，也不需要每天盯盘选股，只要看好当地的区域经济，找到对的指数基金，根据之前提到的基金定投的 7 大原则把握好进场时机，就能轻松投资。”

素素：“什么叫看好当地的区域经济？”

我：“比如，你认为中国、印度等新兴国家未来一段时间经济活跃，发展潜力大，就是看好这片区域的经济，可以找这个区域的 ETF 基金；你觉得欧洲经济疲软，受欧债危机影响，就是不看好这片区域的经济，就不要投资欧洲的 ETF。”

素素：“那什么是对的指数基金呢？”

我：“找对区域以后，**要选这个区域的‘实物资产 ETF’，就是全面复制追踪指数，完全按照各成分股的比重，直接持有所有指数成分股的股票。**不要选择‘非实物资产 ETF’，也即不是全面复制，而是通过一定抽样或合成的复制策略的 ETF，这种 ETF 的优点是比较便宜，缺点是误差比较大。建议不要贪便宜，还是选择‘实物资产 ETF’为善。”

素素：“我怎么知道一个 ETF 是实物还是非实物？”

我：“基金的公开说明书里都有详细说明。”

素素感叹：“哦！我们是同班同学，为什么你懂的会比我多这么多？”

我莞尔：“十年是一段不短的距离。你用心规划、努力学习、慢慢积累。这些投资工具都是帮你赚钱的奴隶。你学会了指使它们，就比别人多了很多倍积累财富的时间。十年后，也能甩其他人一大截。”

素素慎重地点点头。

本章知识点

本章我们分享了经过资产调整后的素素的故事。

- “100-年龄”配置法。
- 风险承受能力与风险偏好评估。
- 投资工具金字塔。
- 基金的不同分类方法。

- 基金定投的 7 个投资要点。
- 最受巴菲特推崇的 ETF 指数基金。

本章练习

- 计算一下你的风险承受能力。
- 根据“100-年龄”配置法，计算一下你的三个账户该放入多少钱？
- 找一只上证指数 ETF，如果每月定投 1 000 元，测算一下，去年一年能有多少收益，并与 7 个投资要点一一印证，如何做出更好的买卖决策？

第4篇

高级篇

分散风险，在全球寻找优质机会

第 12 章

身边的投资机会都太贵怎么办

处于 30 多岁的年龄段，上有老、下有小，除非豪门世家，否则在现今社会没有几个人是不焦虑的。最近流行一句话：谁说阶层固化了？虽然往上流动不易，但往下的通道是永远敞开着的。

陈莹也是焦虑症候群患者中的一个。

尽管收入还可以，然而，三年前，在金融业工作的陈莹率先闻到了人民币贬值的气息，加之通货膨胀的阴影挥之不去，眼看中国内地和香港的楼价越涨越疯，限购政策频出，再难找到物美价廉的投资标的。中产的典型焦虑随着二娃的诞生达到了顶点：孩子们要不要读昂贵的国际学校？出国读书要储备多少资金？人民币理财产品利息低于汇率差和通胀怎么办……

这时候，一张海外置业的宣传单飘进了陈莹的信箱。

本着学习的态度，坐完月子后，陈莹去参加了讲座。在讲座上，她第一次听到了“以楼养学”这个概念。

12.1 “以楼养学”：击中焦虑的软肋

所谓“以楼养学”，顾名思义，就是指**用海外买房获得的租金收入或房产升值来抵消留学花费的方式。留学结束后，物业可继续保留收租或卖出。**

比如，孩子在英国读书，假设一年需要人民币30万元，4年需要120万元。两个孩子就需要240万元。

按惯常做法，父母辛辛苦苦存钱，存了240万元现金（教育基金也是同一原理），等两个孩子读完四年大学就清零了。

如果“以楼养学”，用240万元买一个公寓，扣除费用后，每年保守估计有6%的租金回报（每年14.4万元）、6%的楼宇升值（每年14.4万元）。孩子读书期间，也可分租空房间赚取租金。你只需要提前五六年买，供两个孩子读完四年大学绰绰有余，还有盈利。而且留学结束后，可以继续委托中介帮你出租，收取稳定的租金收入。

虽然这个道理很浅显，而且这笔钱投去其他地方一样有收益，不过收益多少、稳不稳定，就有太多变数了。**对中国人来讲，“砖头”有着其他投资品无可替代的魔力。**

“以楼养学”除给你带来稳定的租金和房产升值外，还有以下几个好处。

好处一：让孩子在留学期间更有归属感；节约了父母看望孩子时所花费的高昂的酒店住宿费用。

好处二：给未来孩子移民打下坚实的基础。

好处三：子女在完成留学之后，可以出售房产，得到一笔不菲的创业资金。

总之，“以楼养学”：投资、旅游、自住、留学一举多得。

当然，这种方式也有其局限性。**房产投资属于长期投资，不能期望立刻收回成本，需要时间的积累。起步时，需要预先支出较大一笔费用。**不过，由于海外房产的总金额不高，又可以申请贷款，所以，所需的资金量并没有想象中那么大。

“以楼养学”的理念，不管你信不信，陈莹当时是信了。

12.2　选择英国的理由，被打了脸

当然，在正式掏钱之前，陈莹作为一名学者型的女性，还是习惯做一些广泛性调查的。为了买英国的房子，陈莹比较了美国、日本、加拿大等很多国家的地产情况。最后，之所以决定买英国的房子，陈莹说，原因有以下几点。

12.2.1　英国政治安全稳定——第一次被打脸

陈莹开始研究英国地产是在 2014 年，那时候的英国是全球公认政治、经济最稳定的国家。曾经的日不落帝国，尽管经济增长放缓，但社会安定、法制健全、犯罪率低。

但谁也料不到英国会离开欧盟。刚煲完《唐顿庄园》的陈莹，脑子里的英国人都是一个个有原则、有风度又善良包容的格兰瑟姆伯爵。女性的情绪化让她完全忘记了当年来中国贩卖鸦片的也是英国人。

不过，平心而论，英国的法律机制公正独立，出现政治不稳定、对地产政策性干预、欺诈的概率还是远远低于其他大多数国家的，只不过陈莹恰恰在不稳定的脱欧前夕进入了英国市场罢了。**再次证明，在历史洪流中，个人只是一只无力的小帆。**

12.2.2　所有权使用年限高、天然灾害少

不像国内的房子仅有 50 年或 70 年的产权，英国大部分房子都具有永久性产权（Freehold，Share of Freehold）。也就是说，这房子不仅属于你，还属于你的儿子、孙子、重孙子，直到有一天你们把它卖掉。

英国也有许多公寓是地上物使用权（Leasehold），但年限一般短则 99 年，许多长达 999 年，而且使用年限还能延长，且手续非常简便。

另外，英国处于东西半球之间，气候宜人，没有地震与飓风，天然灾害较少。相较之下，日本、马来西亚等地地震与海啸频繁，不利于不动产投资。美国也常有飓风侵袭，使房屋损坏严重。

12.2.3 监管严格，品质保证——第二次被打脸

在伦敦，到处都是上百年楼龄的维多利亚建筑，里面萦绕着无数耸人听闻的鬼故事。这些建筑就是英国绅士的物质形象，刻印着日不落帝国昔日的辉煌。

据说，这些大楼能维持百年而屹立不倒，主要归功于英国政府一直以来坚持对居民建筑施工的严格监管，确保了英国楼宇在建筑结构上的高品质，使用期可达数百年之久。新建造的公寓和房子，在施工和竣工阶段都要经过当地政府监管人员的严格审查，以确保房屋建筑商建造出最优质的新居，偷工减料或影响房屋安全的因素较少发生。

事实上，陈莹后来持有的一个公寓，由于陈莹当时无法飞去英国收楼，通过律师聘请了一位楼宇测量师去现场评估。但这价值一万元的报告，却如小学生作业一样简单得令人失望。

陈莹还有一个公寓楼花（还未建成的预售楼宇），当时的房产销售和律师声称，买家的订金会单独放在律所的客户账户上。在建楼过程中，会有工料测量师（Quantity Surveyor）监工，根据公寓完成的进度，分阶段支付。但当陈莹中途查询时，发现她的订金账户早已清空，而该公寓的进度比对应的付款阶段滞后很多。虽然购房订金被提前支取，但从流程上来讲，都是合规的，主要是工料测量师监督不力，地产商有意在财务数据上合法地夸大支出也是很容易的事。

与中国香港一样，在英国，楼宇买卖也需要通过律师。购房款必须由买卖双方律师（Solicitor）经手。律师牌照考取不易，如私自挪用客户资金，将会被永久吊销执照。且每个律师都是英国律师协会会员，该协会有义务协助买家追回被骗取的资金。

在英国，那些常见的房屋买卖风险，如房屋注册登记不属实、预售屋骗局、交易金挪用、房屋品质太差等问题，还是比较少见的。相对其他国家来说，英国买房的交易过程还是相对安全的。

12.2.4 高投资报酬率、低入场费

英国有号称世界上最严格的土地规划政策，严格限制土地的用途。如果开发商想把土地改为建屋用地，除了要跟政府展开长期的讨价还价，提交详细的规划方案，还需要为改变土地用途支付大笔补偿费，中间可能会遇到不同团体的反对，整个过

程既昂贵又耗时，使得开发商很难快速地开发土地，增加房地产的供应，从而人为地制造了一个供不应求的市场。

据统计，英国的土地只有 6.8%属于已开发的土地，其中开发率最高的英格兰地区也只开发了一成。之前因为金融海啸，开发商的新楼动工量大减，这几年随着经济好转，建屋量虽然有所增长，但新建成的单位数量还是低过需求量。

此外，在脱欧前，由于英国经济稳定，工作机会较多，吸引了很多从经济较差的欧盟国家来英国工作的人。人口在过去十几年间，从 5 000 多万人升到了 6 000 多万人。

英国是重要的国际旅游和商务中心，英文则是全球最普及的通用语言。作为全球高等教育发达的国家之一，英国拥有世界上最完善的教育系统和顶尖的教育水平。这些著名的高等学府和各类大专院校，每年吸引着成千上万的莘莘学子从世界各地慕名而来。因此，成就了英国各大学城市租房的强劲需求。

由于英国房地产市场长期供不应求，近年来租金持续上扬，全国平均房屋租金收益率稳定在 6%～9%。如果地段较好，租金收益率更是可以达到 10%。

在全球低利率的今天，如此高且稳定的收益率项目较难找到。且房产的投资除了收取租金，还能获得房产本身的价值升值，抵消通货膨胀的压力。

此外，除了伦敦，其他地区的楼价都很便宜，如英国中部的伯明翰、曼彻斯特、里兹等，折合成人民币不过 100 多万元一间。12 万英镑以上的公寓，还能借七成按揭贷款。比如售价 12 万英镑的公寓，首期只需 3.6 万磅，折合成人民币只要 32 万元左右。相比之下，无论是中国香港还是北京、上海、广州、深圳，一个普通得不能再普通的公寓，动辄就要几百万元，回报率不过才二厘多。同样的资金用来投资英国房地产，回报率更高。

12.2.5 英镑稳定，处于平均线以下——第三次被打脸

20 世纪 70 年代前，英镑与黄金挂钩，与港币的汇率一直稳定在 1:16。1971 年，英镑离开了固定汇率制度，才开始自由浮动。但当时英国经济不景气，政府财政赤字严重，罢工此起彼伏，英镑与港币的汇率曾跌到 1:7.68，直至 1990 年，才回升至 1:15。2000 年起，英镑逐渐强势。

2006年时，陈莹刚工作不久，手头不宽裕。去英国旅行，每花一元钱都要乘以16，颇为心痛，印象极其深刻。2009年，金融海啸，英镑与港币的汇率曾跌到1:10.57。

回顾历史，英镑还算比较稳定，且与港币的汇率的平均线在1:13左右。2014年，陈莹决定买房，当时英镑与港币的汇率为1:11.8，在英镑的历史平均线以下，陈莹感觉风险不大。

结果大家都知道了，2015年英国脱欧，英镑一泻千里。

人是很奇怪的动物。当你认定一件事时，你所找到的证据大多都是在印证你的选择是正确的。当时促使陈莹立刻做决定的，还有一篇篇李嘉诚撤资中国前往英国投资的报道。尤其是生活在香港，李嘉诚的影响无处不在，他就是大众的指路明灯。反正，陈莹当时就是想着“抱大腿”了。

12.3 掉坑买教训

交易非常顺利，她甚至都没有飞去英国。请了香港的律师，用发邮件的方式请了英国的验楼师，在香港银行开了英国银行账户，在网上填报了英国税收，等等——所有手续都在香港搞定。

由于是新楼现楼，陈莹很快就收到了第一笔租金，扣除所有费用及中介出租服务费，有6.5%的净回报，由英国汇丰网上银行转账回香港账户，零手续费，即刻到账，怎一个“爽”字了得。

很快，国家领导人访问英国，带去了众多中英合作项目，开通了北京和曼彻斯特的直航。一切看起来都特别美好，于是陈莹又继续加注了。激动中，在隔壁利物浦又买了三个楼花：两个一房，一个两房。在与两个不同的开发商签订的协议里，一房保证三年净回报10%，两房保证两年净回报7%。

利物浦，有美丽繁华的码头，有知名的球队，有光辉的工业和海运史。陈莹买的这两个公寓就在码头的一左一右，从地图上来看，位置超级棒。陈莹飞去英国看楼，坐在码头附近的西餐厅里，喝着香槟，透过落地玻璃窗，看落日余晖，看海鸥成群结队地飞来飞去，看游艇慢慢地在港口停靠。在这一切的美好中，利物浦稀少的人流和安静的街道被陈莹华丽丽地忽视了。

然后就是时间飞快地流逝。因为中资大量投入英国市场，曼彻斯特楼市涨了20%；最后买的一房楼花收楼了；剩下一房还差一层；两房，因为是大楼盘，建了一期，还没轮到建陈莹的。虽然建得慢，但每个月都能收到施工报告和现场照片，看到有进展，情绪还是很乐观的。

2016年6月23日，英国公投脱欧了！陈莹对我说："从没觉得，世界大事离我这么近过。"

英镑直接跌了20%，一下子抵消了账面的涨幅。当然，英镑的跌幅也是浮亏。陈莹打着长期投资的心理，倒是也没受多大影响。黑天鹅事件，全球都受影响，过了，自然还会反弹。陈莹还因此又趁机换了不少英镑。

紧接着，陈莹买的两房，开发商挖地基时发现了一枚未爆的炸弹（感觉像在讲故事，反正开发商是这么解释的）。于是，开发商和承建商花了很多钱移走了炸弹。再有，承建商破产了。至于为什么破产，各家都有合法合理的缘由。工程停工，需要找新的承建商，停工了两三个月。脱欧的一系列影响，又让开发商亏了很多钱。于是开发商决定改动楼宇设计，减少公用面积，增加住房比率，加高楼层，以筹集更多的资金。楼宇设计的更改，需要上报政府相关部门，又停工了两三个月。结果，相关部门否决了更改方案。一系列的变化接踵而至，像多米诺骨牌一样，很快高管集体辞职，公司接近破产边缘。

中国香港与英国情谊较深，很多香港人有了闲钱都会考虑去英国买房。由于这个开发商同时拥有五个在建楼盘，光香港受影响的业主就将近有一千人。业主们纷纷组织了自救小组，在网络群组中讨论解决方案。在群组中，几百人每天从早到晚讨论此事，有愤恨、有抱怨、有因为不同理念造成的争论、有反反复复的意见重申，满屏的负能量。每个家庭的情况不同，每个人的价值观也不同，要不要一起出钱请第三方律师？选哪一家律师行？要不要自筹公司接手楼盘？要不要公布媒体？要不要报警……每一件事都有很多不同的意见，是民主制，还是集中制，这对要求民主又想高效解决问题的香港人来说是一次很大的考验。

陈莹有些受不了了。与其长时间耗在争论里，不如止损、向前看。陈莹对先生说："就当是买股票亏了钱。我们还年轻，这个损失很快就能弥补回来。"

事后，陈莹对我说："想通了止损，感觉世界一下子又开阔了。"

花了折合为人民币约 180 万元，总能得到些经验教训。陈莹总结了如下几点。

错误一：**先入为主**。即便做了详细的功课，主观意愿也会给你带来偏向性的建议。尤其是对购买楼花这一类风险较大的投资来说，对开发商的过往业绩要仔细考察。

错误二：**踏入新的投资领域，步伐太急切**。尤其是尝到甜头后，不断加码。陈莹在以往的房地产投资中太过顺利，以致丢失了一颗谨慎和敬畏之心。

错误三：**高估了老外的诚信力**。有时候我们有些崇洋，觉得外国的月亮都特别圆，觉得西方人什么都好，福利好、守规矩、认真、诚实，但事实上，很多西方人玩套路玩得比我们更熟练。

错误四：**高估了国外政府的影响力**。在香港的销售现场，利物浦的前任市长亲自接见了香港的业主们，让习惯信任政府的我们，以为这个项目有了政府的背书。事实上，外国的市长都是选举换届的，很快新的市长上台了，前任市长的事情与他没有任何关系。

此外，海外置业必定涉及当地货币，使得**投资房地产的同时也是投资外汇交易**。投资前，除了要计算物业本身的投资回报率，还要计算外汇波动的可能性。

投资房地产最讲究的就是地理位置。任何城市都有好的地区，也有坏的地区。你可以在日常的报纸杂志中了解该地区的情况，也可以亲自去巡视，体验该地区的优劣。但海外置业就没有这么方便。不过，现在可以通过 Google Map 看到实景图，通过当地的房地产网看到租售价格和空置比率，从而也能在侧面了解到当地的情况。

英国楼宇上百年的比比皆是，旧楼的质量参差不齐，很多无法从外表上发现问题，有可能会造成日后维修费过高。且一些旧楼是在法律尚不完备的年代建成的，契约中会保留一些适合当时情况的奇怪条款，如果律师疏忽，就可能会带来较大的损失。所以，陈莹建议，海外置业还是买新建成五年内的新楼，不要贪便宜。因为不在当地居住，旧楼需要的维护成本很难控制。另外，尽量不要买楼花，就算开发商有较好的履历，因为战线拉得太久，容易受到政治、经济和管理不善的影响，发生问题时，海外买家维权不便。

12.4　做好资产配置是风险管理的根基

人的一生，**有五大财富管理需求：个人与家庭生活保障（含家庭日常吃喝用度、买自住用房用车、医疗保障等）、子女教育、退休规划、资产增值及财富传承。**在人生的不同阶段，需求的侧重点也不同，如图 12-1 所示。

上一章中，我们介绍了风险承受能力评估，分享了“100-年龄”配置法。**好的资产配置方案应该以当下的财富管理需求为出发点，在评估了自身风险承受能力的基础上，计算出三个账户的资产配比。把大的格局先定下来，再来讨论投资什么行业、进行怎样的周期性策略调整、买哪些具体的投资标的。**这样，就算其中一个模块失败了，也不会影响大局。

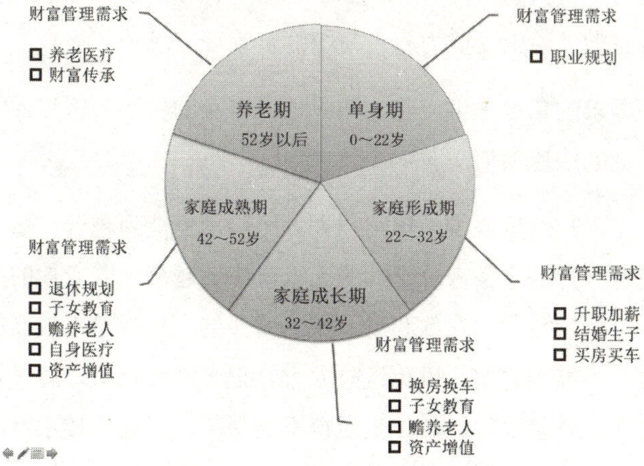

图 12-1　人生五大财富管理需求

12.4.1　不买自住楼而直接选择海外置业的业主

陈莹参加的维权群里，有几个业主，因为香港楼价太高，在香港还没有购买自住物业，存了一笔钱，怕通胀，想买房，听人说英国楼好，就急匆匆地去英国隔山买牛。

从财富管理需求的角度来讲，自住物业是刚需，他们当下的重点是个人与家庭生活保障，先解决买房、子女教育等基本问题，而不是资产增值。

从配置的三个账户角度来讲，他们的增值账户还没有搭稳，就贸然把本金全部投入投机账户。在我们的投资工具金字塔里，房地产已属于高风险投资品种，更何况是去一个文化、习俗完全不同的陌生地区，购买未建的房地产楼花，这是三重高风险。

他们应该先在香港买一个小户型的房子，慢慢再根据实力和需要换成大户型的。满足了刚需之后，再考虑投资第二个物业收租用，且一开始没有经验，应该从熟悉的环境、熟悉的产品开始。千万不能人云亦云，听别人说什么投资收益高，就跟着去投资。像海外置业这种较高风险的投资，在资产配置的组合中占比不能过重，建议一开始在 5%～10%。

12.4.2 退休夫妇

维权群里还有一对夫妇。夫妻俩都已近 70 岁，用退休金买了英国楼。他们的投资同样不符合自身的风险承受能力和当前的财富管理需求。

从财富管理需求的角度来讲，养老期应该以自身的生活和医疗保障及财富传承为主，而不是资产的快速增值。

从配置的三个账户角度来讲，年纪越大，风险承受能力越弱。按‘100-年龄’配置法，他们增值账户的金额占总金额的比重就应该越高。养老期的投资组合应该选择风险较低的投资项目，如存款利息、保本债券的利息或息率较高的公用股和房地产信托基金等。不能太进取，以免风险太大，把老本都丢了。海外置业如隔山买牛，风险实在太大。一旦失败，老年生活得不到保障，更遑论传承财富给子女了。

因此，在维权群中，这两类业主的反应最大，也最焦虑。

反观陈莹，这么洒脱地说止损就止损，是因为这 180 万元在她的资产配置中比重不大，仅占其总资产的不到 5%。她及时止损，省下时间、精力去做新的投资，很快又能把损失赚回来。

她的年龄处于家庭成长期，但由于夫妻收入较高，早年财富积累得较快，当下的财富管理需求已不再需要考虑基本的家庭生活保障和子女教育了，又没有到规划退休和财富传承的时候。此时她的需求主要是资产增值，加之根据风险承受能力评估表，她的等级是“很高”，因此，可以适当提高投机账户的比例，多购买一些位于投资工具金字塔中第三、第四层的投资工具。

诺贝尔经济学奖获得者哈里·马科维次曾提出著名的现代资产组合理论。他认为，组合可分散风险，是现代风险管理的基石。他通过分析 30 年来美国各类投资者的投资行为和最终结果，发现在所有参与投资的人群中，有 90%的人不幸以投资失败告终，幸运留下来的 10%的投资成功者，投资成功的原因就在于做了资产配置。

大家都知道高风险高回报，低风险低回报，但还是有很多人既想要高回报，又想避免风险。因此，不断地听消息、听所谓的专家推荐，短期内频繁转换投资标的或投资工具，借此想要提高投资回报率。偏偏大多数投资者都处于投资信息的下游，最终不但没赚到钱，反而还赔了不少。

还有很多人因为过于担心风险，而宁愿固守极低回报的银行存款或货币基金理财产品。结果利息跑不赢通胀，同样承受着隐形的风险。

因此，太激进和太保守都不合适。

资产配置，简单来说，就是从原来想到哪里投资哪里的随意性投资状态，转变成在不同风险程度的投资品种中按比例分散投资。这种系统的投资方法分散了投资风险，减少了投资组合的波动性，使资产组合的收益趋于稳定，不会出现一损俱损的情况。资产配置，在把风险控制在一定范围内的基础上，让资产得到稳定的增长。

在资产配置中，增值账户里的风险小、安全性高的保障类资产和投机账户里的潜在收益较高的风险资产，两者同样重要。它们在资产组合中各司其职，发挥着不同的作用。前者让你的财富稳定增长，是你投资的定海神针，保证在你亏损时不会影响家庭的基本生活；后者让你有机会实现资产的快速增值。当个人财富的积累达到一定程度后，必须从追求单一产品的回报，转向全景化的财富规划和多元化的资产配置方案。

12.5　降低风险的“黄金三原则”

在确定三个账户资金配比的大格局之后，我们再来看看如何进一步降低风险。

哈佛大学考恩博士曾提出降低风险的**“黄金三原则”——跨地域国别配置、跨**

资产类别配置和增配另类资产。据悉，耶鲁大学校际基金就是按此配置标准进行投资的，多年来，平均每年有两位数的回报。

12.5.1 跨地域国别配置

陈莹踏出海外置业这一步并没有错。我们常说，要分散投资以降低风险，不仅投资项目要分散，地域也同样要分散。

远在三国时期，跨地域国别配置已经被世家豪门广为采用了。比如，诸葛亮和诸葛瑾一个在蜀、一个在吴。之后，尽管三国破、晋曹一统、南北朝混战，城门变换大王旗，但千年的豪族世家却屹立不倒。

不把所有身家都放在人民币资产一个篮子里，用成熟市场来对冲新兴市场的波动，这是资产增长到一定阶段的必然选择。这几年，国内楼市价格飞涨、股市波动剧烈，投资收益率越来越低，加上人民币汇率波动，使贬值成为可能，越来越多的国内资金开始走向海外。

发达国家家庭海外配置比例大约在 15%左右，而中国家庭目前仅有不到 4%拥有海外资产。但随着中国经济的继续发展，国民财富的继续累积，高净值资产家庭和人群数量的继续扩大，海外置业的比例只会越来越大。中国的金融市场也会日趋成熟，资本走向世界只是时间问题。

12.5.2 跨资产类别配置

降低持有单一资产类别所带来的集中性风险。过去的十几、二十年，中国绝大多数普通家庭的财富积累都与房地产有关。投资得越早、越多，资产增值越快。但如今中国房地产的价格已经远远脱离居民收入水平。除一线城市因为城市化进展，不断涌入新鲜血液外，二三线城市的房地产泡沫已经非常严重。投资后的出租回报率很低，仅有 1%～2%，甚至很难租出去。这时候是套现换手的好时机，应尽快套现一部分，转投其他类别的资产；否则，万一房地产泡沫破灭，资产很快又会被打回原形。

其他资产类别也是如此，必须避免整个资产组合中某个大类资产占比过高，否则，一旦此类资产发生风险事件，损失不可估量。

除此之外，**要留意组合中各资产类别的相关性。**如果投资的几类资产相关性非常大，比如投资了房地产、股票的地产股或 REITs，则有可能导致一荣俱荣、一损俱损的局面。

再进一步，**如果购买金融衍生品，则要了解该产品的底层资产**，即这个产品背后实际购买的投资品到底是什么。一个私募产品，也许穿透到底层，就是去投资三四线城市的房地产。美国 2007 年次贷危机的爆发，就与金融衍生品转卖掩盖了底层资产的风险有关。否则，就算你从表面看来已经做了分散投资，但追溯到底层风险依然集中。

12.5.3 增配另类资产

得益于全球量化宽松带来的流动性泛滥，过多的资金追逐有限的资产，把股市和债市的估值推得很高，在公开交易平台上越来越难发现便宜货。资金纷纷开始寻求另类的机会，从而导致近十年另类投资空前发展，总规模比十年前暴涨了 50 多倍。

所谓“另类投资”，是指在股票、债券及期货等公开交易平台之外的投资方式，包括私募股权、风险投资、物业投资、矿业、贵金属、石油、杠杆并购、基金等诸多品种。第 9 章中介绍的 REITs 也是另类投资的一种。

另类投资的重点是那些没有上市，但具有包装潜力的企业和项目。通过购买、重组、包装，将收购的企业或项目的价值凸显出来，最后上市或套现退出，获得远高于公开市场的收益。在过去 15 年，另类投资基金的平均年回报率高达 24%，远高于共同基金的 11%和对冲基金的 14%。

另类投资古已有之，只不过以往只是有钱人小圈子里的游戏，门槛极高，过去最少需要 100 万美元，部分基金的门槛更高达 500 万美元。项目从购入到套现通常需要几年的时间，一般有 5～10 年的锁定期，操作缺少透明度和流动性，因此中小投资者很难参与。

不过，近年来，越来越多的另类投资私募基金选择在交易所上市，或打包成标准化另类投资工具（如 UCITS），如私募股权基金 KKR 在荷兰上市、土地并购基金 Fomess 和杠杆并购基金黑石在纽约上市。另类投资的流动性提高了，操作价格门槛也大大降低，让想涉足非上市投资项目，又不愿意将资金锁死的小投资者也能有限度地参与进来。

由于另类投资的投资方向和传统投资产品的差异极大，彼此相关性弱，因此成为降低投资组合风险的三大途径之一。

除了以上提到的“黄金三原则”，还有**通过对资金量的控制来降低风险的方法**。比如第 11 章中介绍的基金定投，通过控制每一次购买的资金量，分不同时段购买，达到降低风险的目的。类似的方法还有分段投资、相对盈利等，也都是通过控制资金的流入、流出量，将风险造成的后果限制在一定范围内，从而达到降低风险的目的。

12.6 风险事故发生后的事后补救

风险管理可以分为事前控制和事后补救两大类。前文谈到的通过资产配置、“黄金三原则”和控制资金出入量的方法，都属于事前控制的范畴。但投资标的有好坏之分，只要是人，都会犯错。当风险发生时，如何进行有效的补救，以降低损失，也是风险管理的重要一环。事后补救的主要方法包括风险回避、损失控制、风险转移和风险保留。

12.6.1 风险回避

风险回避，也就是我们常说的“止损”。当风险事件发生时，**撤资以避免更大的损失发生**。

陈莹放弃继续维权，以避免因漫漫维权路带来的律师费用、追查举证费用、时间和精力成本等。**止损是最消极的风险处理方法，投资者在放弃风险行为的同时，也放弃了潜在可能的收益**。万一维权成功，就有可能追回部分损失。放弃了，就什么都没有了。但这并不意味着陈莹做出了错误的决定。在追回的可能性极低，或机会成本更高的情况下，如果有新的投资方案明显优于把时间、精力和财力继续投入此项目，那么止损就是一个很好的选择。陈莹认为海外追偿的成功率太低，且太耗时间、精力，愿意腾出手来投资其他项目，因此止损对于她来说是一个很好的选择。

12.6.2　损失控制

损失控制是制订计划和采取措施，降低损失的可能性，或者减少实际损失。

最经典的案例是巴菲特的伯克希尔·哈撒韦公司，这是巴菲特整个商业帝国的母公司，也是巴菲特的一次重要投资失误。巴菲特秉持“烟蒂”投资理念，即购买别人不要的、极度便宜的，但拥有最后一点残余价值的公司，如人们抽剩丢在路边的烟蒂，捡起来还能吸两口。当年，巴菲特购买了低价出售的伯克希尔纺织厂，打算转手套现。但面对外国纺织业的低成本竞争和日益陈旧的设备，纺织厂经营状况不断恶化，几次转卖都没有成功。巴菲特曾说：“当时我很多钱都套在这个‘湿漉漉的烟蒂’里。如果我从来没听说过伯克希尔，那么可能我的情况会更好。”

巴菲特选择的方式就是损失控制和转移风险。他通过联系内部股东，压低股价，吃进大量股票，成为大股东，对公司管理层进行了重组，制订了一系列“开源节流”的改革方案，保证用最少的资本投入带来最大的现金流，把给员工的分红改成股权激励，把员工的利益和股东绑定在一起。精简后的伯克希尔开始有了稳定的现金流。但巴菲特并没有继续扩展纺织业务，而是进行了一系列的投资，把伯克希尔逐渐变成了一家“壳”公司。1964 年伯克希尔的股价是 16 美元一股，如今已翻了将近 1.9 万倍，变成了 30 万美元一股。

12.6.3　风险转移

风险转移，是指通过契约将风险转移给他人承担的行为。比如购买保险，或把难以追回的应收账款低价转卖给追债公司，挽回部分损失。通过风险转移，有时可大大降低经济主体的风险程度。

12.6.4　风险保留

有些风险是无法消除的，只能预先采取手段弥补损失，如预留风险储备金，即在可能的损失发生前，通过做出各种资金安排来确保损失出现后能及时获得资金以补偿损失，避免因为资金缺口造成挤兑等更大的恶果。

投资有风险，不投资同样有货币贬值和通货膨胀的风险。但如果我们把风险控制在可以接受的范围内，提前做好资金准备和应对方案，我们就能很好地管理风险。

最后，虽然传统智慧一直强调“不懂的不要投”，但每个人都是从不懂变懂的。如果因为一开始不懂，就一直不尝试，那么你永远都不会懂。市场是不断变化的，你当初懂的，可能之后不再有市场价值。所以，只有不断学习投资知识，不断磨炼心态，才能在未来趋利避害，发现更多的好机会。学习，可能不能立刻带来效果，但一定会在未来某一天成为你成功的基石。

重要的不是你今天投资了什么，而是你今天学到了什么。

本章知识点

本章我们分享了陈莹海外投资失败的故事。

- “以楼养学”理念。
- 投资英国房地产的好处。
- 海外投资失败的教训。
- 资产配置是风险管理的根基。
- 降低风险的“黄金三原则”。
- 事后补救的四大策略。

本章练习

- 评估你当前财富管理需求的侧重点。
- 根据资产配置理念和“黄金三原则”，试着调整你的投资组合，让风险更分散。

第 13 章

预先设计税务架构，帮助你合理合法节税

周末，一帮好友约了去清叔家烧烤。刚要按门铃，听见清叔在屋内惨叫：“啊！炸弹！”我心里咯噔一下。什么情况？恐袭？玩电动游戏？我与同行的小霜面面相觑。犹豫了一下，还是按了门铃。清叔很快打开房门，却是满脸苦相。

“怎么啦？什么炸弹啊？”小霜快人快语问道。

清叔对着餐桌努努嘴：“又收到绿色炸弹啦！我才刚付完去年的，新一年的又来了，这让人怎么活啊？”桌上放着一个绿色信封，是香港税务局的信。香港税务局每年都会用颜色鲜亮的绿色信封给大家寄报税表，因此，大家俗称“绿色炸弹”。此外，还有“红色炸弹”，指的是结婚的喜帖，意味着一收到喜帖，就要支付一笔不小的费用。

“哦！还以为是什么呢，不就是交税吗？谁不交啊？这是咱们公民应尽的义务。”小霜不以为意。

"我去年交了二十多万元！快破产了！"清叔郁闷至极。

"那说明你收入高啊！税收，劫富济贫！真好！我倒希望我能多交点。"小霜做出"羡慕嫉妒恨"的表情。

我笑着摇摇头："税收，可不是劫富济贫。"

小霜疑惑："不是收入越高，交税越多；收入越低，交税越少吗？贫困线下的穷人，不但不用交税，政府还用税金补贴他们，给他们兴建公屋、提供综合援助金或伤残津贴。这还不算劫富济贫？"

13.1 劫富济贫理念的破灭

我不急着回答，反问道："如果把人群简单地分为穷人、富人和两者之间的中间层，那么你猜，谁缴的税最多？"

小霜："自然是富人啦。"

我："理论上的确是这样。但事实上，富人在各个国家都掌握了制定法律的权力，他们制定了税收的规则。同时，他们有很多聪明的律师和财务专家帮忙，从而找到规则的漏洞，并利用漏洞合法避税。"

本来在客厅的清叔几乎是一步跨过来的："怎样合法避税？快教教我。"

小霜："我听说有些人用各种发票去报销一部分工资，还有一些人的工资一部分用公司的账户支付，一部分用私人的账户支付，这样私人那部分和报销的就不需要缴税了。"

我摇头："这都是不合法的逃税方法。现在是大数据时代，数据追踪和比对比以往容易很多，很多公用部门的数据都开始共享，只要去查，很容易查到。"

清叔："那要怎么做？"

我："我们从公司领了工资后，按工资的一定比例缴纳薪俸税，然后用剩下的收入支付生活费。比如，购买了一辆新车，就需要支付加油费、停车费、修理费、保险费；去国外旅行，要支付机票和酒店住宿费等。我们的收入和支出是这样的：**工资-工资×税率%-生活支出=储蓄**。假设月工资为 10 000 元，税率为 10%，每个月支出 8 000 元。按照上面的公式，10 000-10 000×10%-8 000=1 000 元。”

清叔郁郁：“辛辛苦苦一个月，交了税，支付完各种生活费，几乎就剩不下了。我辈真实写照啊。”

我：“富人会成立一家企业，而自己是该企业的主人，他给自己设定了比较低的薪水。这样，根据该薪水标准要缴纳的税也就比较低。事实上，除薪水外，他的很多生活花费都以企业支付的形式支出。比如，他想去美国旅行，可以在当地约一个客户，见一下面，剩下的时间就在美国玩，但此次去美国的机票、酒店和当地交通费，甚至是一些餐费，都可以作为企业去美国拓展业务的费用。再如，他想买一辆车。我们是用自己的储蓄购买，而他可以由公司购买，并且车每个月的各种费用都由公司出。”

清叔挑眉：“企业是他的，企业的钱不也是他的吗？”

我：“没错，企业的钱也是他的钱。但有一点不一样，就是我们一开始要讨论的问题——税收。政府对企业和个人收税的规则不同，每个地区的收税方式都不一样，以香港地区为例。香港地区对企业收取利得税，即赚得越多，缴得越多。假设企业一个月卖东西卖了 3 万元，支付富人工资 1 万元，支付各种费用 1.5 万元（其中包含富人的各种生活开支），最后企业账面赚了多少？”

小霜：“3 万-1 万-1.5 万=0.5 万元，赚了 5 千元。”

我：“是的。公司赚了 5 千元。5 千元是公司的‘利得’，根据利得税的规则，政府只基于这 5 千元收税。富人因此要缴纳的税包括：富人持有的企业税金 =5 千元×企业税率；富人个人薪俸税 =1 万元×薪俸税税率。

“如果这个企业费用很高，平均一个月花了 2 万元，那么企业一分钱都没有赚，因此也不用交利得税。富人只需要缴纳其工资部分的薪俸税，而事实上，他从公司获得的收入远远不止 1 万元这么少。当然，现实中的税收规则非常复杂。**无论是企业税还是薪俸税，不同收入层级、不同行业，税率不同，还有各种免税额，需要根据具体情况具体计算。**”

清叔点头喃喃自语：“嗯。明白了。也就是说，我们是拿到收入后先扣税，而企业是扣除费用后，用剩下的较小值来计算税收。”

小霜继续问：“听上去跟那些用发票报销的差不多啊？”

13.2 合法节税与偷税、漏税的区别

“不不不。你说的那种属于以偷逃税款为目的、故意藏匿应申报税额的行为，是‘偷税’，违反法律法规。还有人并非故意不缴或少缴税款，而是无意识发生的过失行为，被称为‘漏税’。”我补充道。

小霜：“税局怎么评估你到底是有意还是无意呢？”

我：“有几种情况可能会造成漏税，如纳税人不了解、不熟悉税法规定和财务制度；粗心大意搞错税率；因工作草率少计了销售收入或应缴利润；税务机关人员工作失职，没有及时通知税率变更，等等。是漏税还是偷税，就看你的举证合理与否。漏税，查出后需要在限定期限内补缴税款，但不属于违法行为。”

小霜：“那你提到的富人的做法呢？他们不是过失，那算偷税吗？”

我：“他们这种情况叫作**‘节税’，即以合法的途径，在税法和其他经济法律许可的范围内，避免或减少‘可以避免’的税金**。有的时候我们称其为‘税务规划’或‘税务安排’。节税**是对控股架构、交易结构的策划，通过从根本上设计企业或个人的收入路径来达到降低税收的效果**。而仅仅对现有收入进行的税务处理，走的是灰色地带，容易陷入偷税的泥淖。真正的税务规划，是可以把所有交易记录完整、没有保留地披露给税务机关的。两者的根本区别在于，节税是在拥有需纳税收入之前采取的合法规避税务的方法；而偷税、漏税是在拥有收入之后，采取隐瞒、作假、欠缴等非法手段不履行纳税义务的行为。前者只能通过不断完善税收法律来防止钻空子，而后者则会追究刑事责任。”

13.3 合法节税的秘诀——分拆

清叔：“除了成立一家公司，还有什么途径可以节税呢？”

“合法节税的秘诀就两个字——分拆。”我扮大师的瘾又上来了。

“分拆？分拆什么？”小霜问。

“从国际大环境来看，各国的税收政策大相径庭，差异主要表现为税率差异、税

基差异、纳税对象差异、纳税人差异、税收征管上的差异和税收优惠差异等。但是，在避税的思路上，逃不掉以下四种分拆方法。”我徐徐讲道。

13.3.1　高收入者向低收入者分拆

我：“第一种方法是**由高收入者向低收入者分拆**。比如，清叔你以后结婚了，太太收入很少，那么你可以跟她合并报税，以**分享她的免税额**。”

“这个听上去就很合法。”小霜笑言。

清叔：“我要赶快找一个老婆了。”

“还得是没钱的老婆，像我这样赚不到钱的。”小霜哈哈笑。

“这是要表白吗？小霜貌美乖巧，清叔，正好啊！”我朝他们挤挤眼。

清叔傻笑。

13.3.2　从高税率类别向低税率类别分拆

我：“**第二类是从高税率类别向低税率类别分拆**。之前提到的富人通过企业节税的方法也是这个思路。利得税的税率低于个人薪俸税，因此把收入多放入企业账户，用费用抵消利润，降低应缴的利得税额，从而降低征收税率较高的工资收入。

“也有很多国家对员工的工资收入与福利收入制定了不同的税率。比如在中国内地，每月缴纳的住房公积金、医疗保险金、基本养老保险金是在税前扣除的，只要不超过一定比例，就可以免税。因此，可以跟公司商量降低收入，补充在五险一金中（注意不能超过限额，否则超额部分也要征税）。还有一些公司提供员工住宿、专车、旅游津贴等福利，这些可以免税或只需缴纳较低税率。对于员工来说，只是改变了收入的形式，实际享受到的收入效用并没有减少，而税收负担却减轻了。

“比如投资某些免税或低税率的投资工具，如国债和国家发行的金融债券、教育储蓄、保险收益等，所得利息就可以免税。”

13.3.3　从高税率地区向低税率地区分拆

我：“比较复杂的是**将收入从高税率地区向低税率地区分拆**。2013 年和 2014

年，英国的星巴克在正常缴纳的税金基础上，额外缴纳了 1 000 万英镑（折合成人民币约 9 600 万元）的税款。之前，英国星巴克声称亏损，因此应缴税额为零。同时，英国星巴克向低税率的瑞士星巴克支付了大笔购买咖啡豆的费用，向荷兰星巴克支付了巨额的知识产权使用费。英国人对此表示强烈的愤慨。为挽回声誉，英国星巴克才被迫高额补税。"

小霜："我知道，很多人去开曼群岛、百慕大等免税区开离岸公司，就不用交税了。"

我："没错，根据美国经济研究所 2017 年 9 月公布的数据，全球约有 10%的 GDP 藏在离岸银行。著名咨询公司波士顿咨询公司（BCG）也认为，估计全球约有 10 万亿美元藏于离岸公司，相当于日本、英国和法国的 GDP 总和。"

清叔："我也听说有些中国内地的公司，在香港开设关联公司负责采购原材料，并高于市场价卖给内地公司，或者低价收购内地公司的产品，高价卖给海外。这样内地公司的利润就被做低了，香港关联公司的利润就很高。"

我："是的。就是因为香港的税率要比内地的税率低很多。这样的安排，对公司整体来讲，总的盈利不变，但税务负担得以合法降低。我们把这种方式称为**'转移定价'，即在关联公司之间，通过对货物、服务或知识产权费进行非市场化的定价，把高税率地区子公司的利润转移到低税率地区子公司中，以大大降低应缴税款**。这种转移定价的行为尽管不违法，但却不符合商业道德。"

13.3.4 从一个课税年度向另一个课税年度分拆

我："最后，还有**从一个课税年度向另一个课税年度分拆的方法，也有人称为'均衡法'或'削平收入法'**。对于企业来说，尽可能地**在亏损的时候出售资产**，这样出售资产所赚得的利润可由亏损抵消，从而少缴税。**在赚钱的时候购入资产或提前支付下一年度不得不支付的消费，从而降低利润**。

"个人来讲，如果收入起伏太大，由于采用累进税率，突然大幅增加收入，可能踏入下一个税率等级，必须缴纳更高的额度。如若能平均摊分，适用平均税率，则实际缴税额相对会较低。因此，如果公司集中发放业绩奖、季度奖、过节费等奖金或福利，则可能会大幅增加纳税负担。

“总之，尽管各个国家和地区的税务要求不同，但朝着这四个方向走总没错儿。只要分拆后能够减轻税务负担，就值得去做税务规划。”

清叔是平面设计师，在一家广告公司工作，平时也会接一些零散的项目做，收入起伏很大。他家境殷实，早年在家人的帮助下买了两栋公寓，一栋自住，一栋出租，又买了两个出租的车位，光租金收入每月已有人民币约 3 万元，生活很是滋润。其父母还在工作，无须赡养，自己也还未结婚。楼宇没有按揭，很多免税额用不上。如果去年交了二十多万元的税金，那么年收入至少也有两百多万元，绝对的钻石王老五。

清叔一边思考一边喃喃：“我个人成立一家公司，零散项目可以用公司名义去接。我的车可以改成公司持有，这样交通费、车辆维修费等就可以从公司出了。我去欧洲、日本学习世界优秀的设计潮流，旅费也可以由公司出。这个主意不错。至于本职工作这一块儿，要跟公司商量。从公司辞职，以工作室的名义为公司提供服务，向公司开具发票，薪酬和奖金不变。不知道公司会不会同意。可能也可以。”

“肯定可以吧。你设计的系列在公司属于核心 IP。公司如果不同意，你就辞职。看你老板舍不舍得。”小霜一脸骄傲得意，似乎清叔的荣誉跟她有关一般。

清叔问：“具体怎么操作呢？注册公司每年需要报税，还有很多手续，会不会很烦啊？我可不擅长处理这些琐事。没理由为了这些事情，再聘请一个人啊。”

我：“你可以找一家专业的秘书公司，帮你把注册、报税等琐事都做了，费用很便宜。不过，注册时要留意，如果归入的收入非常高，可以选择在避税港等比香港税务更优惠的地区成立公司。如果收入不是特别高，香港也足够了。毕竟避税港公司的行政费用较高，也比较复杂。”

清叔：“在香港成立公司就够用了。我的目标是把二十多万元的税收减少到十万元。”

小霜：“好耶！省了这么多，要请客吃大餐。”

清叔哈哈大笑：“一定一定，先要请艾玛，多亏了她指点迷津。”

我：“要声明一点，犯法的事情咱们不做，你放入公司的费用必须是合理费用。还是那句话——真正的税务规划可以把所有交易记录完整、没有保留地披露给税务机关。”

13.4 以公司名义买卖房产的优劣势

小霜问："我听说有些人买房子也用公司的名义买，这也是为了节税吗？"

我："用公司名义买卖房产，有优有劣，不一定是为了节税，看各个地方的税法，有些地方反而更贵。"

清叔："有什么好处？"

小霜："肯定有好处啦。你看那些A股的ST公司，一旦经营不善了，卖一套房，立刻就转亏为盈。"

1. 多人分担财务压力

我："小霜说得没错。因为这些年房地产升值太快，远远高于实体经济的增幅。所以，很多企业把剩余资金投入了房地产。没想到，这反而救了它们一命。不仅如此，如果自有资金不够，或者房地产项目很大，则公司购买可以有多个股东，共同承担财务压力。"

小霜："就是众筹嘛。咱们也可以众筹。"

2. 债务隔离

我："有限责任公司可以进行债务隔离，使因该房地产项目带来的债务风险不会拖累个人财产。"

清叔："这是真正从事房地产业务的公司的目的吧？很多个人投资者又为什么要用公司的名义来购买呢？"

3. 绕过限购令

我："近几年，中国内地一些城市对买房限购或限售，因此就有很多人用公司的名义来买卖房产，这样就可以绕过这些限购令。"

小霜嘻嘻笑："这可比离婚买房靠谱多啦。"

4. 保护个人隐私

我："公司持有物业有一定的隐蔽性，尤其是多层公司股权架构，不容易查到实际控制人。因此，对业主的个人隐私有一定的保护作用。”

5．以转让公司股权的形式买卖房产可以节税

我：“公司持有房产分两类，一类是一家公司持有多个房产，卖出房产时仅仅是单个或几个房产卖出，不影响公司的持股情况。缴税也只需缴纳房产买卖产生的利得税。另一类是**一家公司持有一个物业，买卖该物业是通过转让公司股权的形式实现的**。各个地方的税法不同，有些地区可以省下很大一笔税款。尤其是当作为遗产转让给子女时，以股权形式转让，不需要支付遗产税。

“当然，以公司名义买卖房产也有很大的弊端。**第一，贷款不易。**绝大多数银行的房产按揭贷款业务针对的是个人买房者。公司购买房产需要先一次性付款，等取得产权证后，才能进行抵押贷款，可贷额度的比例也不如个人买房者高。公司初始的投入成本比较高。**第二，隐性债务风险高。**以转让股权的形式购买房产时，除买到公司持有的资产外，同时也买回了债务。很多债务比较隐性，较难追查，因此风险较高。**第三，房屋具有的附加功能无法实现。**这一弊端主要在中国内地存在。在内地，房子代表了太多含义，如孩子能不能上户口、上房子所在的学区，等等。以公司名义购买的房产就无法实现此类功能。”

清叔：“看来用公司名义买房或买公司持有的房都要谨慎，万一申请不了贷款，资金跟不上就不好了。更糟糕的是，一不小心买回来一堆债务。”

13.5　投资房产的大道

小霜：“话说我最近打算买房，你们两个都这么有经验，来传授一下要点？”

我：“你打算在香港买？”

小霜：“当然不是啦。香港房价贵成这样，我这样的小老百姓怎么买得起啊？这些年，我手里存了些钱，我打算回成都老家买。艾玛，你说这楼价到底还会不会接着涨啊？”

13.5.1 看房地产走势的三大指标

清叔："内地的房地产这几年也涨得很夸张，和香港一样，超级贵，泡沫很大啊！"

我："是的。自从1998年中国进行商品房制度改革以后，这20年来，大家闭着眼睛买都能蒙对。可现在的情况不太一样了。内地资产已经升值到一定程度，甚至远远超过了大众的购买能力。国家对房地产的调控越来越严格，限购、贷款紧缩、严控消费贷和现金贷进入房地产市场，也即将推出房产税、租售同权、土地供给改革等长效机制。

"另外，中国的城镇化还在继续进行中，经济基础也都不错，民众的收入跟着提升。前些年，由于经济和地方财政对房地产太依赖，一调控就大大拖累了地方GDP，只能很快放松。政策放松又引起报复式增长，反复多次，屡控屡涨，使得人们对中国房地产市场充满了信心，认为政府难以承受房地产下滑带来的经济下行压力，也很难破解土地财政的困境。有政府背书，中国特色的房地产市场只会涨不会跌。

"因此，在两种力量的作用下，**中国房地产市场正处于十字路口，谁也无法完全确定它未来是涨还是跌，最大的可能是从高速增长转向中低速增长及局部繁荣的新常态。**"

小霜："什么叫局部繁荣？"

我："也就是部分城市或区域上涨，部分城市或区域下跌的情况。"

清叔："房地产市场本来就应该如此。跟商品一样，由市场供需决定。"

小霜："怎么知道是哪一个区域上涨呢？成都算吗？"

我："看房地产的走势，有三个重要指标——**长期看人口、中期看土地、短期看金融**。这是原方正证券首席经济学家任泽平博士概括出来的。长期看人口，即看**一个城市人口的净流入或净流出的状况**。人口净流入多，说明这个城市就业机会多，产业发达，经济向好。这是房子的需求端。中期看土地，即**政府的批地情况**。这是供给端。根据供需原理，供不应求，房价自然就上涨；土地供过于求，房价就会下跌。短期看金融，就是看**资金的流入、流出**。比如近几年货币超发，房价涨得快；房贷政策宽松，也能刺激房价；限制贷款了，则能在一定程度上抑制房价。

"如果是买房自住，则是刚需，别想太多，早买早享受。如果是买房投资，就要根据这三个指标的思路来购买。首先看人口，上网搜索一下人口流入、流出报告，筛选出人口净流入多的城市。其次，在这些城市中删掉库存用地较多的城市。如果打算长期投资，那么在剩下的城市中选择即可。如果只是短期炒作，就选择在鼓励房贷的时候购买。

"中国过去二十年，人口从农村、中西部地区大范围迁移到华北、长江和珠三角都市圈或其他沿海大城市，使得大城市人口急剧增加，而土地供应却有限，因此房价持续上涨。

"任泽平博士认为，**中国政府采取'控制大城市人口，积极发展小城市，区域均衡发展'的城市化指导思想，土地政策向三四线城市、中西部倾斜，人口却向大的都市圈集聚，导致了人口城市化和土地城镇化明显背离，从而导致了人地分离，供需错配，一二线房价过高，三四线库存过高的现状。**"

小霜："原来如此。那我回去查一下成都的情况。"

我："选择对城市只是第一步，在城市里也要选对区域。记住，房地产投资的要诀是地段、地段，还是地段。"

小霜："什么样的才算好地段？"

清叔："**交通方便，生活便利，就是好地段。**我就不喜欢买新楼，因为新楼通常比较偏远，生活配套要三四年以后才能逐渐成熟，不如挑质量好的二手房，使用率高不说，最重要的是地段好、生活方便。"

13.5.2　抓住核心价值，剔除边缘价值，你就能大大降低价格

我："没错。不过，在选地段之前，**要先分清楚买房是要自住、度假、长期出租还是期望快速升值。根据不同的目的，选择不同优势的房子。**如果是自住，那么自然要选择离工作地和孩子学校不太远的房子，根据家里的人口来选择房子的大小。如果是出租，就要看空置率和投资回报率。如果期望快速升值，那么就要选择房地产市场活跃、经济向好、价格在同一市场偏落后的房子。**质量是守恒的，如果想要地段、出租率、升值前景、空间等各方面因素都不错，价格就一定很高。**"

清叔："是啊。我周围有些律师、医生朋友，因为收入高，对自己的定位也高。第一次买房就要买港岛半山或九龙塘何文田，想着以后要组建家庭，一定要买大户

型的，要一次到位。结果花光了所有积蓄，还要再背负很重的贷款，很多年都缓不过来。”

我：“不仅在香港，中国内地也有很多人对第一套房的要求非常高，什么条件都想满足。为了买房，不顾自己的收入状况，向亲朋好友大举外债，又背负了沉重的银行贷款。如果想要把价格降下来，就要有所取舍。

“你们知道的，13 年前，在读研究生时，我买了第一套房。当时，爸妈资助了 26 万港币，加上我的奖学金存款，凑够了 30 万港币，付了首期。那套公寓只有 40 平方米，离地铁站要转一趟小巴，顶楼冬天冷、夏天晒。二十年楼龄，不算残，但有些旧，好在香港楼宇都保养得不错。由于这些缺点，这套公寓只需要 100 万港币。现在这套房已经涨到 600 多万港币了。

“当时我的核心需求就是有一个自己的小屋，其他的都是次要的。手里也没有钱，只能降低其他要求。当时，如果我一定要在旺区买一套全新的大户型，那么也许很多年以后一直没有足够的钱购买，到现在就再也买不起了。

“作为自住房，各家需求不同，可能关注点也不同。但作为投资房，价值就只在于投资回报率，其他的要求都别想。别老想着自己有一天可能会去住，因此要向南、要高层、要面积大、要新。只算投入多少钱，每年收回多少钱就可以了。

“术业有专攻，房子也是。**只有抓住核心的价值点，舍弃不重要的价值，你才能找到适合自己的物美价廉的物业。**”

清叔：“是哦！有道理！”

我：“这些是投资房产的大道，其他的，如怎么踩点看房、控制预算、货比很多家、讨价还价、购房流程、防骗防坑等都是小道，你在网上搜索一下，就会有很多帖子。

“最后，还有一个重点：不要贪便宜。如果一个房子比周边房子便宜很多，就要去深挖背后的真实原因。也不要为了省中介费，跳过中介直接与业主交易。中介有其存在的道理，他帮你审核业主身份、与贷款银行打交道，严格跟流程走，可以降低风险。”

本章知识点

本章我们分享了年缴二十多万元个人所得税的黄金单身汉的故事。

- 合法节税与偷税、漏税的区别。
- 合法节税的四大思路。
- 以公司名义买卖房产的优劣势。
- 投资房产的大道。

本章练习

- 根据合法节税的四大思路，思考自己的节税方案。
- 评估自己所在城市的人口、土地和金融状况。

第 14 章

提早开始家族传承规划，预防阶层下滑风险

一年一度闺蜜聚，恰逢相识十周年，我们约好一起去澳门玩。在这两天一晚的封闭式茶话会上，四个中年妇女分享了无数七大姑八大姨的八卦。

14.1 中学就写遗嘱的珠珠

“最近有一篇网络热文叫《流感下的北京中年》，看了没？想不到简单一场流感，就在 49 天内，让一个才六十岁出头的健康老人家丢了性命；还差点让一个收入颇丰的中产家庭倾家荡产……太可怕了，真是天有不测风云，人有旦夕祸福。”珠珠说。

最近香港流感肆虐，学校停课，流感疫苗全市断货，大家风声鹤唳，仿佛非典又一次来临。说到这个话题，大家都唏嘘不已。

阿碧也说道：“上个月，我老公的表妹，本来马上要结婚了，刚订了酒席、发了

请帖。上午逛完婚纱展，又参加了朋友的生日聚会。晚上回到家，未婚夫突发心脏病，送去医院就没救了。她未婚夫 31 岁，不抽烟、不喝酒，没有心脏病史。我们怕表妹想不开。好在这几天，似乎平复过来了。”

阿碧的表妹大家都见过，年纪不小了，资质普通。未婚夫比她还小两岁，家境丰厚，待她又特别细心周到。大家都觉得表妹烧了高香，有此良缘。没想到，命运把她高高地捧上天，又重重地摔下来。

“最近，好几位国际明星都因为突发心脏病离世，年纪都轻得很。我公司有一个高管，前几天突然没了，孩子才上小学。真不知道这孤儿寡母以后怎么过。”珠珠随即又描述了一番这高管如何年轻、优秀，待下属如何和蔼亲善，上天又是如何天妒英才。

生命无常，大家叹息良久。转而又八卦起我们都认识的一位女子来。

“听说了吗？她当年小三上位，抢了人家老公。去年，她老公得癌症去世了，写了遗嘱，把公司、房子、股权等都给了她和她儿子，前妻和前妻的女儿只得到很少一部分。可是，等她满心欢喜地去办理过户手续时，”说到这里，珊珊故意停下来，挤眉弄眼地卖关子，“人家说光遗嘱可不行，谁知道遗嘱是不是真的，是不是最后一份啊。所以，先要去公证处做一个继承权公证，证明他们的遗嘱有效。”

还没说完，她自己就开始笑了起来。好一会儿，才眉飞色舞道：“可这公证啊，要前妻和前妻的女儿一起去。因为当年的事儿，前妻和前妻的女儿对她恨之入骨，根本不配合。结果就耗在那里，半年多了，一点进展也没有。”

我们都不喜欢那人，听毕一起幸灾乐祸地笑成一团。

“啥？遗嘱还要公证啊？这么麻烦？”阿碧问。

“对啊。听了这事儿，我还特意查了相关规定。不光如此，连独生子女都无法单独继承父母房产呢。”珊珊煞有介事道。

“怎么会？爸妈的房子不给自己唯一的孩子，还能给谁？”珠珠也疑惑起来。

“我以前也是这么想的。反正自己是独生子女，无论父母立不立遗嘱，父母的一切都归我。其实不是这样的。”珊珊一边说一边打开手机，三下五除二就在网上找到一篇资料，只见上面写着：

“我国《继承法》规定，遗产按照下列顺序继承。**第一顺序：配偶、子女、父母**。第二顺序：兄弟姐妹、祖父母、外祖父母。继承开始后，由第一顺序继承人继承，第二顺序继承人不继承。其中，**子女包括婚生子女、非婚生子女、养子女和有抚养关系的继子女。父母包括生父母、养父母和有抚养关系的继父母。**”

珊珊继续说道：“所以说，仅凭独生子女证，或者仅仅是大家都知道你是独生子女，从法律上来讲，并不等同于你就是仅有的继承人。如果房管、银行、保险、工商等相关机构无法判断继承人提供的材料的真实性，无法确认该独生子女就是仅有的继承人，那么相关机构就不能办理遗产继承手续。”

阿碧苦着脸说：“这就像证明我是我一样，要怎么证明啊？”

珠珠撇撇嘴：“我们父母那辈还好一些。而我们这一代或我们孩子那一代，婚姻关系越来越不牢靠，情感关系越来越复杂，谁知道爸妈在外面有没有偷偷留了种啊？”

我补充道：“这是子女的例子。还有的家庭是白发人送黑发人，白发人已经八九十岁高龄，六十多岁的儿子先走了。如果没有写遗嘱，父母是第一顺序继承人，可以分得一部分财产。赡养父母本是应该，但父母去世之后，这笔财产却不会完全回到自己的家庭，而是会在父母的子女中平均分配，也就是分给其他叔伯兄弟。”

阿碧和珠珠都瞪大了眼睛。珠珠：“还有这种事？怎么以前从来没听说过？”

我说：**“因为中国人都觉得在世时讨论遗产不吉利，也不利于家庭和睦。事实上，这种生前不规划、死后再纷争的方式，更容易引起兄弟阋墙。”**

珊珊沉吟片刻，说道：“其实，这种情况以前也很多，只是以往信息不流通，我们听到的只是谁家为了争家产兄弟姐妹反目成仇，并不清楚背后的原因，大家也不好意思问得太仔细。”

阿碧点头：“那倒是。这个常听说。”

“我还以为自己的钱想给谁就给谁呢。”珠珠说，“说个事儿，你们别笑。”

“快说！快说！”

珠珠假意咳嗽了一下，说道：“中学时，有一次，我身体特别不舒服。躺在被窝里，我想，万一我得了绝症，我的宝贝都要给谁呢？于是，我写了一张遗嘱，将我的言情小说都给了一个同学，武侠小说给了另一个同学，我满柜子的情书又给谁留着……”珠珠没说完，我们已经笑翻了。

阿碧夸张地大叫：“哎哟！情书都满柜子了呀！从小就已经是万人迷啦？”

“你们别笑！谁没有幼稚过？”珠珠假装恼怒。

“你真有远见。”大家一起笑得前仰后翻。

等大家稍微冷静下来，我说道：“其实我最近也在考虑这个事。”

阿碧讶然：“这么早？”

珊珊笑道：“比珠珠还是晚了点。”

“别闹。”珠珠推了一把珊珊，转头问我，“是呀。你身体康健，咱们四十岁都没到，有必要这么早吗？”

阿碧凑到跟前，挑眉道：“你要立遗嘱吗？你那万贯家财打算怎么分？两个孩子一人一半，还是你老公、儿子、女儿一人三分之一？”

我笑笑。

珠珠和珊珊就使劲推搡我：“来来来！快讲！”

我说：“我考虑的是家族传承，这可不仅仅是立遗嘱这么简单。立遗嘱讲的是‘继承’，是某一个时间点的事。而‘传承’不一样，思考得越早越好。”

“有何不同？”她们齐齐问道。

14.2　家族传承的六个方面

我解释道：“**家族传承，概括起来可以有六个方面，即延续家风、制定家规、执行家教、治理家业、传承家产、管理家事。**”

阿碧心直口快，摇头道：“这么多个‘家’，我都听晕了。到底什么跟什么呀？”

珊珊说：“家风和家规我能理解。家教和家风有什么区别啊？家业和家产不是差不多吗？还有家事又是什么？”

我继续说道：“**家风**，是家族共同的价值观，说起来很虚，但却总在潜移默化中影响我们的决策。有些家庭以成就为导向，家里每个人都必须努力上进，追求事业上的成功，否则就会被看不起；有些家庭却重视活在当下，鼓励孩子们体验不同的文化和多元化的生活，这种家庭的孩子通常爱旅游，更自由；也有的家庭很重视回馈社会，在香港这样的家庭很多，他们常常去教会做义工，孩子们长大后多从事非营利机构的工作；还有的家庭非常重视亲人之间的关系，定期聚餐，常常一大家子人一起活动……

“**家教**，则是更细、更实用的家庭教育规则和方法。比如现在很流行的财商教育，再比如有些虎爸虎妈崇尚用西点军校的军规来治家。我有一个同事坚持让孩子不上学，在家教育，这在国外也很流行，叫 home school……

“**家规**，比较简单，就是家庭里要遵守的规则，有些规则显而易见，有些规则是隐性的、约定俗成的。

“**家业和家产**，前者主要指家族拥有的企业，后者则是除经营性企业外的房产、黄金、古董、存款等。家业需要后继有人来经营，家产则更多是为了保障家族的生活。”

珠珠问：“那家事呢？”

我说：“**家事**，就是日常生活中琐碎的事情安排。

“这六个方面互相关联，也层层递进。我们每日受‘家事’缠身，汲汲营营，去挣一份‘家产’，有些人能创出一片‘家业’。在家族价值观‘家风’的影响下，我们有属于自己家庭的‘家教’，也约定俗成了‘家规’。**这六个方面，让我们的家庭成为了一个与其他家庭完全不同的独立个体，通过原生家庭影响到下一代、再下一代**。这样就形成了‘**代际传承**’。

“**如果没有有意识的筹划，仅仅是顺其自然，那么大多数家庭要么慢慢在传承中损耗，阶层逐渐下滑；要么仅是维持，难以进一步提升，即我们常说的‘阶层固化’**。即便有一些人，通过一己之力，靠时代机遇，达到了个人成就的飞跃，但如果没有在家族层面进行结构性的筹划，下一代或下下代很容易又被打回原形，所以我们也常说‘富不过三代’。而要想家族长久兴旺，基业长青，家族传承的六个方面必须提前筹划。”

珊珊茫然道："我听得一愣一愣的。"

阿碧点头应是："我也是。"

珠珠噗嗤一笑，说："沈大师，快给我们三个上上课。"

14.3　急需做传承规划的七类人

我："改革开放近四十年，中国一下子催生出了大批成功的企业家。和国外富豪们不同，这些企业家们大多都是白手起家的'创一代'。他们是企业家，可他们的眼中只有'企业'，没有'家'。他们把全身心都投入到了企业版图的扩张中，很少有人提前去想传承的问题。但'创一代'总会老去。他们创立的王国，如何在最小损耗的情况下，传承到第二代、第三代？对于这个问题，很多中国企业家并不知道，甚至完全没有思考过。

"然而，形势变化太快，商业竞争越来越激烈，经济模式不断迭代，中国在各方面与国际快速接轨。这些'创一代'们很多都无法跟上时代的变化。有一些因为我们刚刚提到的意外身故、疾病使得继承来得猝不及防；有一些因为离婚再婚、企业内斗造成了资产的分拆；还有一些在野蛮生长时期走了灰色地带，之后陷入牢狱之灾；即便顺顺利利地给儿女继承了，因继承方式不佳，缴纳大量税负，或者被儿女的错误决策或挥霍无度逐渐损耗；还有一些，因为子女不愿意从事父母的老本行，而让家业后继无人……凡此种种，不一而足，'富不过三代'似乎成了中国富豪家族的魔咒。

"事实上，合理的家族传承规划，能大大降低这些风险，防止很多家庭纠纷，减少损耗。"

"这些都是有钱人的故事。我们平民一族就不用了吧？"珠珠道。

我："其实就是一种经营家庭的思路，有钱人有有钱人的做法，平民阶层有平民的做法，具体的做法不同，理念却是一致的。其中，**有七类人急需做传承规划，而不是等到垂垂老矣才开始规划**：一是家庭成员众多的。家里有七大姑、八大姨、叔伯兄弟的，家产或家业分不清楚，就容易产生家庭纠纷。二是有多重婚史的，尤其是几任家庭都生有儿女。三是打算移民的。四是资产结构复杂多样的，如有公司股权、房产、贵金属、古董、艺术品等多样资产的。五是资产规模积累到一定程度的，如上亿元。六是家族财富希望国际化的。七是其他所有开始思考家产、家业继承问题的人。”

“其他几类我明白，但是为什么打算移民和家族财富希望国际化的人也必须立刻做规划呢？”珠珠问。

我：“目前为止，中国还没有遗产税，但国外有。如果没有进行仔细规划，贸然在国外添置了产业，一开始的架构没有搭好，不能合法节税，以后就可能要支付一大笔税金。”

珊珊轻叹一声：“我看啊，中国征收遗产税是迟早的事儿。遗产税才是真正的劫富济贫。”

珠珠连忙道：“那我得好好学学。等中国也征收遗产税了，就能立马用上。”

我打击她：“2010 年，财政部曾起草一份《遗产税暂行条例草案》，其中规定，遗产税开征前五年的赠予财产也要征收遗产税。这意味着临时抱佛脚没了用处。所以，早些开始规划是一件非常有必要的事。”

珊珊问：“到底怎么去做传承规划呢？”

14.4 传承规划三板斧

我说：“家族传承的六个方面中，对于家风、家规和家教，每个家庭的理念不同，没有绝对的对错，只有适不适合自己罢了。我们做传承规划，主要针对的是家业、家产和家事。”

14.4.1 遗嘱

我：“讲到传承，很多人第一反应就是‘立遗嘱’。**遗嘱是公民个人订立的对其死后个人财产如何处分的法律形式，可以是口头、代书、自书或公证等形式。**

“有些老人家一早会召集所有儿女，把大部分家产先分了，留下一部分自己养老用。这种生前分家产的方法比较简单，尤其是乡下地方，找村长或族里老人做见证，有人证、老人家在神志清醒下亲口说遗嘱，一般就能搞定了。

“再讲究一些的，找上律师和公证员设立遗嘱。律师和公证员各有用处。**遗嘱由律师起草，可以避免歧义，减少之后可能的纠纷。公证员不负责遗嘱的起草，但对起草好的遗嘱进行公证**。生前就做好遗嘱工作，程序比较简单。如果中途想更改遗嘱，也只需要再次聘请律师和公证员公证。在继承发生时，律师负责公开遗嘱，按遗嘱所指定的分配方案、份数和数额，将遗产缴付给继承人或受赠人。

“总的来说，遗嘱的优点包括三点：第一，设立简便。无须签署复杂的法律文件、进行周密的条款设计、经历烦琐的审查登记程序，遗嘱的设立简单方便。如其他继承人没有异议，财产分配的过程就非常简单明了。尤其是口头遗嘱，在紧急情况下，只要有合适的见证人，即能有效。第二，继承明确。如果是法定继承，一般是财产由全部法定继承人平均分配。如果想对自己的财产按照自己的意愿进行分配，立遗嘱就是一个很好的方法。根据《继承法》，遗嘱继承优先于法定继承。在遗嘱上，你可以把财产随意分配给任何人，无论其是否属于你的法定继承人，在分配比例上也随自己心意。因此，遗嘱的定向传承功能，使得财产的分配更加符合原主的意愿。第三，适应多样化的资产类别。无论是股权、房产，还是古董、字画，遗嘱都可以涵盖。第四，避免财产流失。当被继承人突然死亡时，其到底有多少财产、财产分别在哪里，有可能其他人并不全部知晓，容易造成财产的流失，或引起法定继承人之间的互相猜忌、担心其他人私藏财产的情况发生。遗嘱通常会附上财产清单，只需按图索骥就能找齐需继承的财物，省去烦琐的财产查询和验证过程。”

“如果遭遇突然去世，其他人不清楚财产情况，要怎么做啊？”珊珊问。

我：“有很多案子，是通过一个法定继承人对另一个法定继承人起诉，通过诉讼途径，由法院去查遗产明细而成功继承的。但是，如果一个人是独生子女，父母双亡，就悲剧了。没有合适的法定继承人去起诉，这个途径就走不通了。”

阿碧：“这么看来，立遗嘱就挺好的。赶明儿，我回家劝我爸妈也立一份。”

我：“遗嘱也有其缺点。第一，易失效。遗嘱是法律文件，如果拟定的条款之间有冲突，或列出的财产已在生前被处置，或先后存在多份遗嘱等情况，就会导致遗嘱失效。此外，银行、股票账户和房产登记机构都需要出示遗产公证书，以证明遗嘱的有效性。**但办理遗产公证时，需要披露设立人全球范围内的所有资产，没有**

私密性。另外，还需要所有继承人的配合，如果有继承人不愿意配合，还要走法律诉讼程序，认证过程就变得烦琐且耗时长。第二，需还债。继承人在继承财产时，必须先偿还被继承人的债务。”

“父债子偿，天经地义。如果老子欠债太多，儿子把财产全部还了，还不够怎么办？”珠珠问。

我：“偿还的额度以继承到的实际财产为限。超过了继承到的财产，就可以不用付了。除非继承人本身是担保人或债务责任人之一。”

我继续说道：“第三，只能继承一代。遗嘱只能实现一次性传承，无法跨代。继承人一次性收到大笔财富，如挥霍无度，遗嘱毫无办法。第四，要缴税。尽管现在中国内地还没有遗产税，但参考其他有遗产税的国家来看，遗产在继承时的很短时间内，需要用现金缴纳税款。遗产越多，需缴纳的税款越多。中国台湾是有遗产税的地区，据说最高遗产税记录是台塑集团创始人王永庆创下的。当时他的 12 位继承人总共继承了 600 多亿新台币的遗产，很多是无法立即套现的资产，继承人们需要在不到一个月的时间内缴纳 119 亿新台币的税金。”

“119 亿新台币的税金，将近 1/6？税率太高了吧！有可以节税的继承方法吗？”珠珠惊问。

我：“有两种方法在节税方面较有优势。”

“我知道，我知道!”珊珊抢过话头，“一种方法是购买大额保单。上个月有一个保险经纪人跟我讲了给孩子买保险的很多好处。”

“比如说？”阿碧问。

14.4.2 保险

珊珊继续说道：“大家都知道，保险是指定了受益人的。想指定谁都可以，等到符合理赔条件了，受益人就能直接拿到钱。遗嘱的话，还总会有人跳出来说自己手上的那份才是最后的遗嘱。而保单就没有这个问题，**手续很简单，受益人不会有歧义。**保单也不需要和遗嘱一样公证，让所有相关人都知道、都支持。**保单是私密的，**只有被保险人或者投保人、受益人和保险公司知道，从而你也不用担心只给了这个孩子，其他几个孩子会不开心。”

珠珠问:“如果买了保险，受益人却越来越不省心。遗嘱能改，保单还能改吗？”

珊珊颇为自信：“当然可以。**在理赔前，可以随时变更受益人，也能取消保单。**当然，取消保单会有比较大的损失。”

阿碧问：“保险金就不用交税了吗？”

珊珊答:“最大的卖点就在这里——**保险受益人收到的保费是不用缴税的**。不光如此，还可以不用还债。”

阿碧问：“这么强大？”

我补充道:“不用还债这一点，不是这么简单的。如果是直接从债务人那里获得的保险金，也还需要先清债。”

“什么？被忽悠了？”珊珊皱眉。

我解释道:“要做一番架构设计。比如你是欠债的那一个。原本的方案是你给自己投保，当你去世后，保险金留给孩子。孩子收到的保险金就需要先还债，这种情况跟遗嘱一样。但如果你把这笔钱先赠予了你没有债务的父母，由你父母来投保，依旧设定你是被保险人，那么当你去世后，保险金给孩子。这样就不同了。因为投保人是你的父母，他们没有债务，你的孩子收到的保险金就不需要还债。我们称此种方法为**‘债务隔离’**。”

珊珊、阿碧和珠珠齐齐做出恍然大悟状，非常可爱。

珊珊继续讲道：“那个保险经纪人还说，**为了防止孩子们无法管理一大笔财富，钱一拿到手，很快就花个精光，还能分期给付**。像工资一样，每个月给付一部分，也可以逢读书、结婚、买房子这种大事分批给，灵活性很高。”

珠珠：“这不错。”

珊珊：“再有，如果孩子结婚、离婚又结婚的，**保险可以指定只给孩子个人，就不会被当作婚后共同财产而拆分了。**”

阿碧点头：“这个很有必要，现在离婚率越来越高，以后想必更是如此。家产再庞大，对半拆几拆也就没有了。谁说阶层固化了？向下的通道可一直敞开着。”

珠珠：“不是还有婚前协议吗？”

阿碧摇头道：“那多伤感情啊？中国人可不兴这个。你要在结婚前让新娘子签个协议，人家立马跟你翻脸。”

我点头：“在这一点上，保险的确很有优势。珊珊刚讲过，保险有私密性。父母把本来打算给孩子结婚用的现金资产，以买保险的形式给孩子。一来新婚配偶不知道，就避免了尴尬；二来属于孩子个人财产，分不了。**在有很多个继承人时，如何让财产明确地转移到其中一位继承人头上而不引起太大的纠纷，私密的、定向的大额保单就能帮上大忙。**”

阿碧：“听上去，保险比遗嘱好多了。”

我：“不尽然。保险也有很多不足。”

珊珊拍案称好：“太好了。快说说反面观点，我都快被洗脑成功了。”

我：“**保单流动性差**。一经投保，时间通常非常长。如果中途退出或贴现，价值会大打折扣。而且**保险只适用于现金财产**，房产、企业股权、古董、贵金属等多样化的资产就不适用。和遗嘱一样，保单只能实现一代传承，无法继续传给再下一代，**因此只能作为传承工具中的一种**。”

珠珠：“再下一代？想得太久远了吧？”

珊珊：“这是咱们这些人的想法。真正的富豪家族，还是会想办法让基业能够绵延子孙后代好几百年的。”

珠珠：“绵延好几代？这要怎么做？”

“这就要提到传承的第三种招式——家庭信托了。”我回答。

14.4.3 家庭信托

1. 何为家庭信托

在中国，“家庭信托”还属于新鲜词汇。**普通大众接触到的信托是集合信托，即大家集中在一起投资，以收益为目的，其实质还是一款理财产品。**

家庭信托则以资产的隔离保护和传承为首要目的，以资产的保值、增值为次要

目的，在国外已经相当普及了。最早的信托是美国石油大王洛克菲勒在 19 世纪成立的家族办公室。

家庭信托是指**委托人基于对受托人的信任，将其合法持有的财产或财产权利委托给受托人，由受托人根据委托人的意愿，以受托人自己的名义管理和处置该财产或财产权利，从而为委托人和受益人获得利益**。家庭信托主要涉及三个角色，如图 14-1 所示。

图 14-1 家庭信托涉及的三个角色

2. 家庭信托的类型

从委托人的角度分类，家庭信托可以分为生前信托和遗嘱信托。

根据委托人对信托内资产的控制权分类，家庭信托可以分为可变更信托和不可变更信托。

根据信托的功能分类，家庭信托可以分为朝代信托、不可变更人寿保险信托、家庭慈善基金会等。

最受欢迎的是可撤销信托，即生前信托，其次是不可变更人寿保险信托，之后是朝代信托和家庭慈善基金会。

不同类型的家庭信托在债务隔离、财产产权归属和避税功能方面各有不同，适合的需求也不一样，具体如图 14-2 所示。

种类	生前信托	不可变更人寿保险信托	朝代信托	家庭慈善基金会
能否变更	可变更	不可变更		
适合需求	代持委托人需调整、不愿意放弃所有权的资产	税务规划、财富传承、资产保护		
所有权	所有权未发生转移	所有权转移		
避税	无避税功能	有避税功能		
债务隔离	债权人需付出高昂代价打开信托，适当隔离了债务	能隔离债务		

图 14-2　不同类型的家庭信托的功能比较

3．家庭信托的优点

家庭信托的条款非常灵活，可以完全按照自己的想法制定。

受益人可以是任何人或机构，可以是自然人，也可以是还没有出生的人，甚至可以不用指定是谁，只要有人达到了某个标准，就能领取。比如诺贝尔奖，就是一种家庭信托，满足了其设定的标准，就能领取对应的奖金。这笔奖金就来自诺贝尔当时委托管理的财产。因此，可以设定奖惩条件，引导后代朝着好的方向发展，如考上名牌大学就多支付一笔、惹上“黄赌毒”就没有继承权等。

保险只能传承现金财产，而家庭信托就灵活很多，**可以管理现金、保单、房产、公司股权等不同资产类别。**当然，资产结构越复杂，信托公司的管理费越贵。

遗嘱和保险只能传承一代，**而家庭信托可以传承很多代。**最早的洛克菲勒家族信托已经将资产延续传承了6代。

在隔离债务方面，如果是**生前信托**，因为所有权还是属于委托人，所以理论上是需要还债的。但债权人需要向法院申请打开信托，为此必须支付一大笔非常昂贵的费用，所以，**生前信托在一定程度上可以达到阻碍债权人的效果。**而其他三类**不可变更信托**，由于所有权已属于信托公司，因此**不需要偿还债务，也可以免收遗产税。**

富豪们也通过家族信托**来规避离婚带来的财富拆分风险**。传媒大亨默多克先后经历了四段婚姻，家族财富却并未因此严重缩水，这都是拜家族信托所赐。

由于家庭信托的灵活性，使得其更能遵从委托人的意愿，就像坟墓里伸出来的手一样，一直照顾着后代。在国外，有人称其为“坟墓里伸出的一只手”。

4．家庭信托的期限

阿碧很憧憬地说：“可以照顾很多代啊！那最长能有多少代？”

我：“根据美国一些州的法律，信托可以设置无限期，这样就可以照顾你的世世代代。”

阿碧眯得两眼弯弯：“哇！好有天荒地老的感觉。”

“世世代代？信托公司倒闭了怎么办？毁约怎么办？”珊珊比较保守，觉得一切永远都不靠谱。

我：“国内的情况不好说。但在国外，家族信托市场很成熟。**家族信托公司一般都有丰富的投资经验、广阔的投资渠道和多元的投资信息源，同时，还有严格的风险控制手段和严谨的风控流程，能最大限度地防范投资和法律风险，确保受托财产安全保值、升值**。委托的财产放在单独受监管的客户账户中。**即便信托公司破产，也只会清算该公司的自有财产，与客户的委托财产无关**。

“尽管可以设置无期限，但一般的信托，短则 30～50 年，长则传承三代，也就可以了，之后就交给后代自己去处理吧。”

“没错。儿孙自有儿孙福。那句话怎么说的？如果子孙有能力，自己就能闯下一番家业；如果子孙是败家子，你留给他多少钱都没有用。”珠珠道。

“儿孙能如我，何必留多财；倘若不如我，多财亦是空。可惜，中国的家长就是看不穿啊。”珊珊叹气。

5．家庭信托的门槛有多高

珠珠问：“这么‘高大上’（高端、大气、上档次）的服务，应该要很多钱才能做吧？”

我:“香港市场上**最低的门槛是 500 万港币**，折合成人民币约 400 万元左右。大多数以 100 万美元或 1 000 万港币作为起点。

“家庭信托的收费很贵，如要量身定做，则可能需要外聘律师、税务顾问、会计师。因此，资产规模、资产结构和条款的复杂度越高，费用越贵。**由于这个费用不对外公开，所以最好货比多家。**

“目前市面上最简单的信托仅仅是把保单和现金加入其中，成立费也需要 4 万元。**每年的管理费，通常按资产规模的一定比例抽成，一般为资产净值的 1%以上；**如果是慈善性的信托则比较便宜，在资产净值的 0.5%～0.7%。资产不到一定规模，不建议采用这种传承方法。”

“这么贵？”阿碧惊呼。

我:“所以说，家庭信托的首要目的不是资产增值，而是对**资产的隔离保护和传承**。前几年，在香港受到热议的某明星的妈妈起诉汇丰信托的事儿，就是家庭信托的经典案例。”

6．把信托告上法庭的明星妈妈

“我听说过。”阿碧说，“好像那个明星的妈妈九十多岁了，却因为拖欠房租被人赶出了门。信托公司把她的钱都侵吞了，每个月只给她很少的零用钱，根本就不够她用。”

“明星的妈妈？不会吧？”珠珠瞪大了眼，不可置信道。

“你别听她的。道听途说，断章取义。”珊珊笑笑，“那位明星的妈妈滥赌，欠了周身债。那位明星在世时，就一直要帮她妈妈还债，苦不堪言。”

我:“没错，除了嗜赌如命的妈妈，她还有一个生意潦倒的哥哥。因此，那位明星死前，把财产委托给信托，每月给她的母亲 7 万港币零用，另外又聘用了一个司机、两个佣人，这样才确保遗产不会被她妈妈和哥哥挥霍精光。”

“每个月 7 万港币？还有司机和佣人，这还不够？老人家能用多少钱啊？”阿碧和珠珠一起惊叹。

我："老太太不仅没有戒赌，她还打了很多次遗产官司，先后把遗嘱执行人、主诊医师、遗产受益人等告上法庭，想要争取到更多的遗产，结果均被法院判决败诉。"

"香港打官司可不是一般的贵哦！"珠珠说。

"没错。根据信托安排，老人家本来能安度晚年。可惜，她一直折腾。"珊珊嘿嘿一笑。

我："不管老人家的结果如何，从这位明星安排信托的初衷来讲，她的目的已经达到了。**信托的安排被法律坚定地捍卫着。**她母亲再怎么折腾都动不了信托里的一分钱，只能按月领取生活费。**这充分体现了信托对受益人的正向激励和方向约束功能**，如果你有各种恶习或瞎折腾，你就无法得益。**这是信托与其他传承工具相比拥有的优势。**"

看着她们三个人猛点头，我补充道："不过成立一个信托，除了支付昂贵的管理费，还有很多窍门，无论是根据不同地区的税法选择适合的设立地，还是设计信托的结构和执行过程，抑或是资产持有权的转移，每一项都需要非常专业的知识，找一家靠谱的真正为客户着想的信托公司不容易。"

珊珊："对啊，想想也难。那到底要怎么去选呢？"

我："**在那些国外大机构里多问几家、多谈几次，把方案横过来、竖过去地反复比较**。因为信托一旦启动，就是几十年的大事，中间不能随意撤销或提走所有资金，要慎重。"

14.5　设计一套组合拳

阿碧问："除了这三种工具，还有别的吗？"

珊珊想了想，说："爸妈在生前就直接把东西都送给孩子。"

我："对。这种方法叫**'赠予'**。在生前非常方便，尤其是古董、字画、珠宝这类财产，口头和书面都行。**一经赠予，所有权就转移了。赠予不需要复杂的手续，**如果运用得好，也是一个非常好的传承工具。"

珊珊说："如果是房子和公司股权呢？也用赠予可以吗？"

我："在中国，如果房产是送给直系亲属的，受赠人只需缴纳契税、印花税。目前，免征个人所得税和营业税。股份的赠予如果也是发生在直系亲属之间，那么也可以不核定股权转让的收入，就是说不用缴纳个人所得税。"

阿碧："不错。感觉赠予比写遗嘱还要好。"

珠珠："这个方法一定要在生前且神志还清醒的时候使用，否则就没有用了。"

我："需要留意的是，**父母在婚后对子女的赠予，如果没有明确的赠予协议指定只给子女个人，那么一般会被认定是夫妻共同财产**。而且只要发生赠予，赠予人就对该财产失去了所有权和控制权，慎用。"

"是呀。如果遇到个不孝子，我把财产都给了他，他就不管我了，岂不是要吐血？"珠珠点头。

我："如果是这种情况，你可以**在赠予合同中详细约定受赠人需履行的义务，以此约束受赠人**。"

"对。不养老，我就收回。"珠珠赞同道。

"每一种工具都有优缺点。我们到底要用哪一种呢？"珊珊问。

我："每种工具各有千秋，在使用中各有侧重。好的传承方案，应该是针对不同家庭情况设计的一套组合拳。应结合家庭传承总体及细分目标、家庭成员关系、所传承财产类别等具体情况，**以三大工具为根本，作整体筹划，结合其他传承工具的使用，通过资产管理、法律、税务筹划等服务，实现无缝衔接、无痕继承、持续传承的家族治理体系**。"

阿碧慨叹："'传承'真不是一个空洞的词啊！"

珠珠："不管有钱没钱，咱们中国父母宁可自己省吃俭用，也要给子女多留下一点财产。钱多的多留，钱少的少留。希望孩子们比自己过得好，至少得保证阶层不往下掉吧？"

"是呀！是得提前筹划一番。"珊珊感叹。

本章知识点

本章我们分享了四个中年妇女的茶话会。

- 法定继承顺序。
- 家族传承的六个方面。
- 急需做传承规划的七类人。
- 三大传承工具的优缺点。
- 好的传承方案应该是针对自身家庭需求设计的一套组合拳。

本章练习

- 和自己的父母分享这一章新了解到的内容。
- 和父母探讨一下适合他们的传承方案。
- 哪一种工具更适合你未来家庭的传承？

第 15 章 后 记

五年后，在“细雨鱼儿出，微风燕子斜”的暖春，我又一次来到西湖边，入住同一家酒店。看着湖面泛起的阵阵涟漪，想起了五年前与素素的那次会面。

最近三年，大家各有各忙。在朋友圈里，看到她组织社团活动、健身跑步、带着孩子四处旅行，生活丰富多彩。她有了男朋友，不是阿逊，也不是洪列。她的新男友是互联网新贵，有豪车、有别墅，出手阔绰。从照片上看来，神采飞扬，器宇不凡。最近已到了谈婚论嫁的地步。现在的她，妆容精致，手挎最新款奢侈名包，身穿最新一季的衣裙，似乎又回到了第一段婚姻的时候，脸上再无失落与无助。我们在微信上偶尔相互问候，也多是生活琐事，关于理财与投资的讨论，几乎不再提及。

我不禁叹息。明白道理容易，要长久克制欲望、坚守原则太难。尤其是这幸福又一次来得那么轻易。来之前，我甚至有些犹豫要不要约她相见，怕见面后彼此尴尬。好在，碰巧她出去旅行了。

我也有洪列的微信，他的朋友圈一如既往地推广公司业务，晒晒高尔夫球场的碧绿草坪、红酒后的微醺、火锅的腾腾蒸汽……不知他的收支状况有没有改善？改变生活习惯实属不易。我们原本也不熟，加上连中间人素素都已改弦易辙，我便不好追问，维持在点赞之交。

阿逊反倒是与我最亲近的一个。五年来，他跳了三次槽，薪水翻了两番，但对投资的热情却丝毫未减。早日实现财务自由，依旧是他最重要的目标。他把多出来的收入都用来投资，投资范围也越来越广。我们常常就一些热门的财经事件交流，也会讨论一下彼此对市场的看法。

15.1 五年后的会面

我们约了在老地方见面——就是这泛着涟漪的西湖旁的咖啡厅。我还是坐在当年那个临窗的位置上，感受着湿漉漉的暖风，透过开着的窗，轻轻地抚在脸上。

急促的脚步踩在有些年头的木地板上，发出咯吱咯吱的声响。我转头看向入口，一个身影从门口闪进来，因为背着光，显得尤其高大。

走近前来，正是阿逊。阿逊很少在朋友圈发自己的照片，因此真的是有五年未见了。我对他的印象还停留在五年前那个浪荡不羁、略显轻浮的少年模样。

不过，时光真是一位雕刻师。五年后的他，穿着商务休闲装，头发两侧剃得短短的，看上去精神奕奕、自信从容，没有了 IT 男的那种舒适、随意，反而有点像香港中环街头行色匆匆的金融俊杰了。

尽管形象变化很大，但由于一直在微信上聊天，很快也就没有了生疏感。

我们一起回忆着五年前的初识。阿逊拿起纸笔画了鸭舌帽曲线："当年，我还是一个只看眼前的愣头青，觉得自己不被钱财所累，又自由又清高，天天穷开心。要不是你告诉我这鸭舌帽曲线，我可能就迷糊一辈子了，最后穷困潦倒，老无所依。就算知道要存钱，也不知道要搭建被动收入的架构，只知道指望升职加薪。是你告诉了我复利的魔力，让我有了追寻财务自由的希望和勇气。"

之后，阿逊又分析了他目前的财务状况、资产配置和投资组合情况、近期目标等。这五年，他成长了很多。从之前的一穷二白，五年内积累了将近 80 万元。这个速度让我都有些瞠目结舌。

“嘿嘿。”阿逊有些不好意思，“从前一个月能存 3 000 元，自从学了理财后，我花的钱就更少了，一开始每个月就能存 5 000 元，后来跳了几次槽，薪水翻了番，存下的就更多了。还有奖金什么的，以往不知不觉都花了，现在都存下来用作投资。所以，总数才能有这么多。而且，现在每个月已经有稳定的 4 000 元被动收入。这是五年前，我想都不敢想的事。”

根据“100-年龄”配置法，他把收入按比例分配在三个账户中：零钱账户买了货币基金。增值账户，在我的建议下，组建了一个 REITs+债券的投资组合。用杠杆提高债券收益率，用 REITs 和控制债券评级来控制风险。年收益率长期在 10%以上。投资账户，他定投了指数 ETF 基金，剩下的钱都用来买卖股票。定投基金在达到 15%的收益率时，止盈了，锁定了收益。现在开始新的一轮定投。股票的投资有亏有赚，因为比例不大，所以风险可以承受。

他越说越兴奋:“我现在终于明白你当时说的那句话了——要令人生变得多姿多彩，最重要的就是要有选择权。而理财的目的，正是让你有更大的选择权。

“自从学了理财，感觉整个人生都不同了。原先白天上班，晚上就在公司耗着，名为加班，其实就是拖拖时间。在家也常无所事事，刷手机、玩游戏，虚度时间。周末就跟一堆狐朋狗友打牌乱侃。虽然热闹开心，内心总是隐隐有些内疚，有时更觉得很空虚、很无趣。

“如今，在工作以外，我学习投资、看财经新闻、读公司报表，跟一群同样爱好投资的人交流，生活变得充实而有趣。平日里，我对时事和商业事件也能提出有价值的见解，我觉得别人看我的眼神都不一样了，是那种非常尊敬的眼神。”阿逊一边说，还一边表演了一下那种周星驰般的眼神，逗得我直乐。只有在这一刻，我才能找到五年前阿逊的影子。

很多人都知道投资要依靠复利，但在最初的很长一段时间里，那条复利曲线是如此平缓，平缓得几乎让你怀疑它是否在向上生长。周围的诱惑太多，很容易就此放弃了。

但是，当你熬过那段时间，那条曲线会以令你惊讶的速度和斜率飞速上涨。无论是财富，还是人生中可以积累的任何事，都有着强大的复利效应。从量变到质变，从而改变你的人生。

我看着眼前侃侃而谈的小伙子，尽管5年的时间复利还没有产生效果，但只要他继续坚持下去，将是最好的例证。

15.2 其他故事的主角

我回想起这五年来接触过的很多人。有些人因为我的缘故，做了一些理财的尝试，生活有了些许改变。

表弟阿斐和女友灵素早已成就了姻缘，两人开了联名账户，规定了每人每月往里面存的金额，由灵素负责进行投资。他们也遵照建议每半年讨论一次家庭财务状况，对大的投资项目共同决策。阿斐的电脑改装生意如火如荼，另外成立了一间小公司专门运作，还聘请了临时工。阿斐负责接单、指导和检查，临时工负责简单的装配，一年也能净赚10万元。他们推迟了生孩子和买车的计划，反而用这五年存到的钱买了一个车位出租，每个月收租 3 000 元。如今，他们每月的正向现金流从五年前的8 500元提高到了15 000元。如今再和阿斐聊起婚后生活，他都是一脸喜滋滋的，再也没有了对未知婚姻生活的无助与恐慌。

阿逊的表哥这几年已经还清了大部分债务，左手交右手的贸易生意也做出了一定的规模。

画家敏敏在纠结了很多年后，终于下定决心在广东二线城市贷款买了一套房。不管我那挖掘闲置资产、盘活不良资产的建议她最终实施了几条，但至少没有再继续犹豫下去，任由现金在银行和股市里贬值。四年多来，楼市尽管没有往年增长得那么快，但也一直在升值。因为贷款的压力，她工作也更积极了。从她的朋友圈来看，她不光开了儿童绘画班，也开始增收成人学员。

以玲的近况，我没有跟进。慢、中、快三策，她当时在执行慢策的同时还选择了中策——多接一些与本职工作相关的私活，把“摇钱树”养起来。但是，作为职场精英、孩子的母亲、丈夫的妻子，她的多个角色已让她忙得马不停蹄。工作与生活的断舍离，可不是家中杂物，简单扔掉就行，受到的干扰更多，需要的意志力更强。要挤出时间去种“摇钱树”，说得容易，做起来却千难万难。我有她的微信，也看她的朋友圈。但是，我不敢去问她，怕她觉得有压力，也怕我自己尴尬。收入越高，工作越忙，越难改变。都是普通的人，再焦虑，也要让自己松口气。

15.3 闭上的心门

有人因为我的理财文章生活有了改变，自然也有人尽管接收了同样的信息，生活却依旧如故。**因为他们的心门关上了，他们看上去在听，却不接受与自己看法不一致的观点。**

15.3.1 不学金融，不会理财

有一个朋友每天在网上找各种充值送的活动。比如，某个 P2P 平台，新用户首次上线充值 300 元送 300 元，一个月后通过投资，600 元变 700 元，就立刻提现走人。他把这种行为叫作“撸羊毛”。有一次，他得意洋洋地说：“投入 300 元，收益 400 元，收益率超过 100%。”

我便劝他：“投资的关键是长期和复利。你这种短打的，表面上赚得多，其实不然。尽管收益率很高，但因为本金太少，获得的绝对金额也少，而且是一次性的，需要不断在网上找机会。这段时间 P2P 火热，平台互相抢客户，才有这么好的机会，不是长久可复制的模式。投入的时间、精力也多。时间和精力都是成本。还不如好好研究价值投资，追求长期稳定的收益率。尽管不高，却可以逐渐增加本金。”

他说：“我不敢把我的收入投资理财产品，怕平台跑路。如果主要收入哪天被卷跑了，我也会崩掉的。”

我又解释道：“像现在这样，东一榔头，西一棒子，能赚多少？你想要高收益率，但高收益率风险也高，所以你又不敢投入本金，以至于一直就只能赚些小钱。你算一下账，假如你的主要收入投资了稳定、低收益、低风险的理财产品，最后的盈利要比你现在这样多很多，而且不用这么花心思去投机。”

他摇头道：“道理当然懂，但还是怕承担风险，图个安乐。”

我继续说：“你不要老想着高收益。很多投资品收益率在 5%～8%，风险很低。但只要本金大、时间长，通过复利，收获比你现在要多很多倍。风险只要控制在自己能承受的限度内就可以了。”

他再次摇头：“本身不是学金融的，玩不转金融，你给我一大笔本金让我理，我估计也理不下来，直接存银行了。”

随后，他就又在群里发“注册×××送流量”的广告帖，结束了这次对话。

他心中早已有定论，自己大学不是学金融的，就一定不会理财。即便别人告诉他方法，他也不想听。

15.3.2 不要说配置，告诉我买哪只股票

还有一些朋友，一听说讲理财，第一反应就问：“现在买什么理财产品好？有什么股票推荐？”

跟他们讲理财的十个模块，要认清自己的现状，设定好目标，了解自己的风险承受能力，做好资产配置，三个账户如何安排。很多人会说：“有必要这么教条吗？能赚钱就行啦。”

跟他们解释，了解清楚自身的状况，才能做出最适合自己的理财方案；资产配置又是如何帮助我们控制风险的。说不了几分钟，又会被他们打断：“美股升了那么多，现在买会不会太晚了？这只股票，听说有内幕消息，马上要升了，你看看这 K 线图，是不是这么回事儿？”

他们并不想知道能受用一生的理财原理，他们只想知道这一刻的操作指令。

15.4 理财如起高楼

策略会过时，技术会陈旧，模式会被迭代，但是理财的思路，如汹涌激流下的河床，亘古稳定。只有掌握了真正的原理，才能应对完全不同的情境和个案。

就像搭一栋楼，零零散散的投资如同一层层叠上去的砖，刚开始很快就能搭得好高，但却很容易散架。也许是因为一阵风，也许是一次小小的触碰，也许只是自身的重心不稳。

要想楼搭得高，地基就一定要稳、要深。这地基就是对你自身状况的剖析：你的现金流状况如何？收入的来源有哪些？每个月能存下多少钱？

要想楼不易坍塌，楼宇结构就要平衡。零钱账户有没有足够的备用金？中低风险的增值账户厚不厚实？资产负债比是否合理？是否对自己的风险承受能力有足够

的认识？投资的类别与自身的风险能力是否匹配？

财富的两驾马车——“摇钱树”和购入资产，就是房子的两根承重梁柱：提高本职工作收入或培养与本职工作相关的“摇钱树”带来本金的快速增长，不断购入能带来被动收入的资产，形成钱生钱的良性循环。这两根梁柱越厚、越高，房子也就能建得越高。

通过实体来合法节税，通过适当的传承工具减少损耗，就像用良好的材质来保护房子，降低风雨对其的侵蚀。

任何只想走捷径的人，都无法走长远。你现在偷的懒，总会在以后以其他方式还回来。

世界上不存在一模一样的财务状况，好的理财规划应该根据自身情况量身定做，这样可行性才高，才容易实现。即便现在有效的理财计划，随着生活状态和财务状况的变化，也要不断进行调整，切不可生搬硬套。

巴菲特曾说过：“习惯是如此之轻，以至于无法察觉；又是如此之重，以至于无法挣脱。”

祝大家都能察觉并摆脱理财的不良习惯，早日实现财务自由！